汉竹编著·健康爱家系列

轻松吃对瘦 吃对

熊苗／主编

江苏凤凰科学技术出版社
全国百佳图书出版单位

U0285146

导读

如今，美食随处可寻，享受美食成了人们日常生活中必不可少的事，但过量摄入脂肪、碳水化合物，使得肥胖现象越来越明显。不少有瘦身需求的人盲目尝试各种瘦身方法，如只吃蔬菜水果、吃减肥药、断食……然而不但没能瘦下来，反而出现了内分泌紊乱、胃肠功能失调、营养不良等多种健康问题。

在一定程度上来说，你的身材、健康取决于你的饮食习惯，了解如何健康吃到饱，是瘦身人群的必修课。不必以牺牲健康为代价，也无需与美味诀别，通过健康的饮食方法轻轻松松吃到自然瘦！

营养师分析瘦身案例

断食瘦身

随着"肥胖浪潮"的强势袭来，出现了越来越多的肥胖人士，也随之涌现出了各种各样的减肥方法，不少人使自己处于饥饿的断食状态，从而达到减肥的目的。

断食瘦身的危害

有些人通过节食的方法确实瘦下来了，但更多的人则是不吃就瘦，吃了就胖，可谁能靠永远不吃饭来维持瘦身效果呢？于是很多人陷入了反弹的噩梦中，在恢复饮食后越来越容易增加体重。其实，断食减肥法除了容易反弹外，还对身体健康有着很大危害。

反弹

正常情况下，身体会告诉大脑人体目前能量储备已经足够，无需再进食。而断食期的时候，身体想维持平衡，填充能量缺口，就会发出进食的信号，导致食欲增加，在恢复正常进食后食量大增，热量易超标，导致反弹。

体脂率上升

断食减肥法减掉的大多是水分，而体脂并没有真正降下来。在不断的断食、恢复正常饮食、反弹之间循环后，体脂率会越来越高，且体脂增长速度超过肌肉的增长速度。

引发疾病

断食减肥法还易引发多种疾病。人体断食一段时间后体重快速反弹，会大大增加患脂肪肝、心脏病的风险。

营养师说

健康减肥

不挨饿，使体脂率达标。

健康减肥的方法

调整饮食结构，减少反弹概率。

你可以坚持

虽然断食减肥短期内见效快，但反弹速度也快，且会对人体造成严重的损伤，因此不建议断食减肥。有瘦身需求的人群可根据自己的实际情况选择正确的减肥方法。安全减肥是一件需要坚持的事情，你可以坚持的！

断食后，胃部仍在源源不断地分泌胃酸，这些多余的胃酸开始腐蚀肠胃，令人出现恶心、胃疼等症状。饮食极不规律，反复折腾，胃受到了损伤。一旦患上胃病往往需要用较长的时间去修复疗养，断食瘦身得不偿失。

男，25岁，身高170厘米，瘦身前体重75千克，现体重65千克。

一天只吃水果蔬菜和一天只喝水交替进行，持续半个月后恢复正

常饮食。在经过一段时间的正常饮食后，再继续水果蔬菜和水交替进行。如此循环了两个月，有了胃痛的问题。

女，30岁，身高170厘米，瘦身前体重60千克，现体重45千克。

之前觉得自己很胖，就通过节食和大量运动瘦了下来，之后爱上了

这种感觉，日常饮食中主要以水果和蔬菜为主，配合高强度运动，现在几天不吃东西都不觉得饿。

营养师点评：长期断食会让身体对食物产生厌恶感。标准体重是基于自身体形、身高测算的，不要和别人去比较。身高170厘米，体重60千克并不需要过度瘦身。

营养师点评：处于青春期的孩子，吃的东西不多还发胖，可以先不必担心，这可能是因为青春期的激素变化而导致的暂时性肥胖。需要注意的是，青春期的孩子正处于生长发育阶段，长期节食会使身体得不到应有的营养，久而久之会影响发育。

女15岁，身高156厘米，瘦身前体重57.5千克，现体重50千克。

以前也不胖，但自从上了初中体重增加明显。

平时本来就吃得不多，但还是长胖，只得断食减肥，断食一段时间后，瘦身效果不仅不明显，每天还浑浑噩噩的。

滥用减肥药

有些想瘦身的人士既管不住嘴，也迈不开腿，于是把减肥药当作救命稻草。加之现在是电商、微商盛行的年代，更是让不少人被微商网红减肥药洗脑。

滥用减肥药的危害

药物减肥不是安全的减肥方式，吃减肥药后易腹泻，还会抑制食欲，导致厌食。

疾病缠上身

很多减肥药中含有违禁成分，可能会引起药物性的肝损伤，给肾脏带来隐患，还可能引发严重的心血管系统、呼吸系统、神经系统问题。

影响生育

很多减肥药含有激素，可能会引起内分泌失调。对女性来说，长期服用减肥药很容易扰乱人体的正常激素水平，出现月经紊乱问题，对排卵造成影响，进而影响女性的生育情况。

狂泻不停

很多减肥药中含有泻药成分，服用后会出现呕吐、腹泻症状，身体失去大量水分，体重就会下降。这种方法减掉的是水分而不是脂肪，不但达不到减肥的效果，还会影响人体内水电解质以及酸碱度的平衡。

营养师说

健康减肥

不滥用减肥药，合理饮食搭配科学运动才是长久之计。

养护建议

如果已经用了泻药类的减肥药，应及时停药且注意养护肠胃。

你应该知道

减肥药并非保健品，作为药物，它有一定的副作用。如果想要通过减肥药实现瘦身，必须为重度肥胖人群，并在医师指导下使用正规减肥药，否则会引起一系列健康问题。

首先，不宜购买来路不明的减肥药；其次，出现不适后应及时就医，避免症状持续加重，而不应继续尝试新的减肥药。

男，22岁，身高180厘米，瘦身前体重90千克，现体重85千克。

从微商处购买了网红减肥药，没有什么效果，还经常觉得头痛，一下钝痛、一下刺痛，有时伴随干呕、心悸。准备再换一种减肥药试一试，期望达到预期减重目标。

女，30岁，身高165厘米，瘦身前体重70千克，现体重55千克。

吃减肥药5个多月，大便次数明显增多，虽然体重达到了预期，但是出现了肝区不适、腹胀、转氨酶增高等肝损害的症状。

营养师点评：药物代谢都要经过肝脏，影响肝脏的代谢功能。代谢功能差则不能及时排出体内毒素，就会引发各种肝脏疾病。

女，55岁，身高163厘米，瘦身前体重70千克，现体重66千克。

自从进入更年期后一直受发胖问题困扰，节食几天，待恢复饮食后反而更胖了。也吃过一阵子的减肥药，但是效果也不佳，后来就没再坚持。这个年龄对外观也不是很在乎了，减不减肥不重要了。

营养师点评：进入更年期的女性易发胖，主要是因为代谢慢了，而节食会导致代谢更慢。进入更年期的女性本就雌激素水平紊乱，不宜吃减肥药。减肥除了保持外形苗条外，更重要的是让身体健康，发胖可引起高脂血症、糖尿病等疾病，中老年人也应积极减肥，合理规划饮食结构。

过量运动

运动是减肥的常见方法，根据强度可分为多种类型，不同强度的运动在减肥方面通常有不同的效果，需结合身体健康状况选择适当的运动方式。

过量运动减肥的危害

易损害身体健康，且过量运动后容易陷入大量进食的境况，所以过量运动在实际减肥效果方面并不理想。

引发急性病

过量运动有可能会导致骨骼肌损伤，从而引起急性肾衰竭。此外，企图通过过量运动减肥的人，普遍存在急功近利的倾向，明明心率已经超过了自身所能承受的范围，还在拼命用意念来克制痛苦，坚持运动，结果往往引发心脏疾病。

影响内分泌

运动过量的时候，脑垂体的功能会被抑制，这样会导致激素分泌受到影响，造成身体疲劳，体力恢复慢，甚至会有抽筋的现象出现。

关节遭到磨损

运动过量对人体有一个很大的伤害，那就是关节磨损。长期剧烈运动者的关节会比常人磨损得严重，关节一旦受损就很难复原，尤其是中老年人的器官自行修补能力较低，年岁越高，关节磨损退化的程度越大。

生病期间不宜进行剧烈运动，否则可能导致病毒性心肌炎。减肥遇到瓶颈期是一般性或是治疗性的减肥方式都不能避免的，要摆正心态，采取健康的方式度过瓶颈期。

男，25岁，身高180厘米，瘦身前体重100千克，现体重85千克。

减肥初期每天三餐是按时吃的，也见效了，但后来到了瓶颈期，只

得不吃晚餐，以及尝试每天计时夜跑，15分钟跑完3000米。即使是感冒期间，也还是继续坚持夜跑。后来出现心悸、胸闷、憋气、气短等症状，经医生诊断患了心肌炎。

女，35岁，身高165厘米，瘦身前体重70千克，现体重65千克。

最初每天在健身房的跑步机上跑半个多小时，休息一会儿再继

续跑，很快就瘦了几斤，于是加量，省去中间的休息时间，一次可以跑1个多小时。后来感到肌肉压痛，没有过多在意。

营养师点评： 很多人出现肌肉压痛、收缩无力时都不在意，以为休息两天就好。肌肉压痛、肿胀及无力可能是某种疾病的症状，应及时就医，检查清楚。

营养师点评： 运动减肥的初衷是为了健康，但并不是每个人都能把握好度。即使选择的是有氧运动，也需循序渐进，注意自身的承受能力，以感到舒适、轻松为宜，不要让自己出现乏力疲倦、心悸气短等症状。

男，40岁，身高170厘米，瘦身前体重80千克，现体重79千克。

十年来没有做过俯卧撑，减肥第一天兴致冲

冲地断断续续做了100多个，全身酸痛持续多天，症状不见缓解，还越来越严重，像被打了麻醉针一样绵软无力。

快速瘦身

大多数人希望拥有完美的身材，因此瘦身也是不少人人生中的一个重要课题。这里给大家讲解一些快速瘦身的案例，希望能够给大家一些启发和帮助。

快速瘦身的危害

许多瘦身人士一旦看到体重秤指针向左移动就欢呼雀跃，往右移动一丁点儿就很受打击。希望瘦身速度越快越好，但这样对身体伤害非常大。

心理危害

快速瘦身必须依靠极端的节食或断食方式来进行，而食欲被抑制会导致心情低落、脾气暴躁等，对自己的认同感降低，严重者会导致抑郁。

生理危害

研究发现，快速瘦身会增加痛风、胆结石、电解质紊乱的风险，特别是女性，快速瘦身容易导致生理期紊乱，造成闭经现象。

瘦身过快也会造成肌肉大量消失，从而使新陈代谢变慢。新陈代谢变慢的代价就是瘦身后反弹极快，且难以再次减去体重。

营养师说

健康瘦身

一周减重 0.5~1 千克是较为安全的瘦身速度。

健康的瘦身方法

循序渐进，不超过身体承受能力。

你可以做到

坚持每日有氧运动30分钟，不额外摄入糖分，不吃烧烤、油炸食物等。加油！不要放弃！

极端节食是不可取的，只用水煮会造成油脂摄入不足，易脱发、便秘，可使用植物油烹调。

女，25岁，身高165厘米，瘦身前体重70千克，现体重55千克。

我从瘦身开始到成功用了5个月，最开始的1个月瘦了10千克，不吃

饭，每天只吃黄瓜、鸡蛋，但副作用非常明显，每天都没有力气，生理期变得不正常。后来开始每天跑步，什么都吃一点，只用水煮的方式，一直坚持到现在。

女，30岁，身高160厘米，瘦身前体重65千克，现体重48千克。

30岁开始瘦身，新陈代谢明显变慢。一开始是不吃晚饭，后来发现稍微吃一点儿就会反

弹，从而决定每日三餐都吃，只吃7分饱。杜绝了奶茶、零食，每天有氧运动30分钟，不知不觉就瘦下来了。气色也变好了。以后也会继续坚持。

营养师点评： 不吃晚饭会造成每日热量缺口过大，叫以吃7分饱。杜绝奶茶和零食也可以避免每日热量超标，而有氧运动能够提高基础代谢率。

营养师点评： 低盐低油非常健康，猪肉较其他肉类脂肪高、蛋白质低，瘦身期间避免食用是可以的。机械训练能够更好地锻炼肌肉，提高基础代谢率。

男，27岁，身高180厘米，瘦身前体重90千克，现体重70千克。

开始瘦身时我就采取低油低盐，不吃猪肉

的饮食方式，每日跑步5千米，当我瘦到80千克左右，就去健身房进行了机械训练，一直至今。

目录

第二章 愉快地吃，美美地瘦 /19

第一章

营养师
教你吃到瘦

时尚圈"以瘦为美"的身材标准渐渐入侵到大众的生活当中。虽然过度肥胖确实会使身体产生疾病，但也有越来越多正常体重的人想要更瘦，互相之间还会比较谁更瘦，这种风气催生了各种各样的减肥方式，如抽脂、节食、吃减肥药、轻断食、运动……然而，减肥不能盲目进行，只有合理的饮食加科学的运动才能达到效果，也不会危害身体健康。所以合理的饮食成为减肥不可或缺的一部分，专业的营养师可以帮你解决"吃"的烦恼，教你吃到瘦。

你需要瘦身吗

当代社会，越来越多的人追求以瘦为美，其中不少人不顾健康安危，盲目地采用极端节食、频繁抽脂等过激的方法，一味地追求体重更轻、体形更纤细。但是，你真的了解自己吗？你真的属于肥胖人群吗？下面一起来做几个小测试吧！测一测你的体重、体形是否符合标准。

标准体重

标准体重是反映和衡量一个人健康状况的重要标志之一。测量实际体重时最好是在吃早饭前，排空大小便，同时穿着尽量要少。

男性和女性的标准体重不同，不同身高和年龄的人，计算标准也不同，应与自己实际情况相结合。

BMI 指数衡量法

BMI 是 Body Mass Index 的简称，翻译成中文即是身体质量指数。它是目前国际上常用的体形判断指标，被世界多国广泛采用。

体重质量指数（BMI）= 体重（千克）÷ [身高（米）]^2

BMI 值	体重情况
< 18.5	过轻
18.5~23.9	正常
24~27.9	超重
28~29.9	轻度肥胖
30~34.9	中度肥胖
≥35	重度肥胖

腰围测量法

腰围是反映脂肪总量和脂肪分布的综合指标，更能反映体脂分布情况，因此常用来评估肥胖程度。

测量方法：被测者站立，双脚分开25~30 厘米，让体重均匀分配。然后测量肚脐上 1 厘米处，用没有弹性的软尺水平绕一周即可。

性别	腰围	腰围情况
男性	< 90 厘米	正常
女性	< 85 厘米	正常

5 类常见体形

体形是对人体形状的总体描述和评定，人的体形大致可分为 A、V、O、H、X 五种类型，其中，V 形、A 形、O 形是需要进行瘦身的体形。瘦身之前，首先要知道自己是哪种体形，是否属于需要瘦身的类型，这具有非常重要的意义。

类型	特点
V 形	V 形又称"苹果形"。脂肪主要堆积在背部、手臂及腹部，看起来上半身壮，下半身瘦，像一个苹果
A 形	A 形又称"梨形"。脂肪主要沉积在腰部及大腿，胯部和臀部宽或腿粗，上半身不胖，下半身胖，似梨形
O 形	O 形又称"水桶形"。脂肪肥厚且集中在胃部以下，犹如"水桶"，整体看像一个洋葱
H 形	H 形又称"直筒形"。肩膀、胯部宽，胸部相对平，上下一样宽。三围曲线变化不明显，多表现为胸部、腰部、臀部尺寸相近
X 形	X 形又称"S 形"。身材 S 曲线在上半身和臀部起伏很大，腰部显得非常纤细。丰满的胸部和圆润的臀部，细长的手臂和双腿，堪称完美的体形

需要注意的是，体重超标不一定就是肥胖。例如肌肉健硕的健美运动员或举重运动员，其肌肉组织占人体的比重远超过常人，很有可能是超重者，但若其体内脂肪不多，就不能称为肥胖者。而且，每个人肥胖的原因不同，有的人是由膳食结构不合理导致的，这类人可以通过调理饮食结构达到瘦身的目的。而有的人属于继发性肥胖或是遗传性肥胖等类型，则不适宜单纯依靠调整饮食来达到瘦身效果。所以在做完以上小测试后，还需根据个人具体情况来进行综合判断，制订符合自身情况的减肥方案。

走出瘦身的 5 个误区

误区一：挨饿是最见效的瘦身方法

很多人认为只要饿一段时间就能瘦下来，但结果往往是令人失望的。其实，少吃一些或是不吃对脂肪并没有太大的影响，减掉的基本都是水分，如果一直饿肚子，身体还可能会降低代谢来帮助你储存能量，这样会导致你的减肥之路越来越难。而且长时间处于饥饿状态，会让身体机能变得紊乱，消化功能也会受到影响，可能造成胃肠道损害。最后不仅没有瘦下来，反而把身体搞垮了。

误区二：减肥不能多喝水

人的各种生理活动都需要水，水既是体温的调节剂，也是体内的润滑剂。水可以将血液中过多的钠排出体外，可以促进血液中的胆固醇和中性脂肪顺利分解，还可以带给人饱腹感……能从多个方面起到瘦身的作用。反之，身体一旦缺水，血液会变得浓稠，有害物质无法借由水排出体外，转而堆积在体内，营养素的输送也会变得缓慢，影响新陈代谢，反而会加重肥胖。

新鲜的白开水是补充体内水分的良好选择。白开水是天然状态的水经过多层净化处理后煮沸而来的，水中的微生物已经在高温中被杀死，而开水中的钙、镁元素对身体健康是很有益的。此外，还可以选择脱脂牛奶、无糖豆浆、果蔬汁、花草茶等，这些都是瘦身人群补充水分的不错选择。

误区三：瘦身只吃果蔬就够了

首先，不是所有的蔬菜、水果都是低热量的，瘦身期间不宜食用淀粉类或含较多淀粉成分的蔬菜，比如马铃薯、红薯、豌豆等。再者，人体所必需的营养素有蛋白质、维生素、水和矿物质、膳食纤维等，若长期只吃果蔬容易造成严重营养不良，出现掉发、月经失调、下肢水肿、严重便秘等症状。

瘦身期尽量食用非淀粉类蔬果。

误区四：运动强度越大，瘦得越快

运动分为有氧运动和无氧运动，无氧运动是指人体肌肉在无氧供能代谢状态下进行的运动，大部分是负荷强度高、瞬间性强的运动，会让人感到疲乏无力、肌肉酸痛，还会出现呼吸、心跳加快和心律失常等现象；有氧运动是指人在氧气充分供应下进行的运动，强度低，持续时间较长。

当人们长时间地进行有氧运动时，体内糖提供的热量远不能满足需求，这样就会让体内的脂肪经过氧化分解，产生热量供人体使用，从而达到瘦身的效果。人处于减肥瘦身期间时，多多少少会有些疲劳无力，从安全角度来讲，也不建议瘦身期间做剧烈的无氧运动。

误区五：轻断食瘦身最健康

很多人认为轻断食不仅能安全地减重，还是一种可以持续的健康生活方式，从未深入了解过轻断食的不足之处。其实，当人体开始轻断食，不吃任何食物时，胃肠道只能"空磨"，胃酸分泌增加，而且人体整天处在饥饿状态下，很容易引起周期性的胃肠道功能紊乱。长期如此，可能会引起消化性溃疡或者慢性胃炎等消化道疾病，给身体带来伤害。

如果你前一天的晚餐吃得多了，那么第二天的早餐和午餐的量可以稍微减少一点来平衡一下，减少第二天摄入的热量，但是不要完全不吃。

瘦身人群的 6 个饮食原则

控制热量

营养学上所说的"热量",又叫"热能",是指食物中可提供热能的营养素,经过消化道进入体内分解释放,成为机体活动所需要的能量。

持续高热量的饮食,会使多余的热量在体内蓄积,过多的脂肪和胆固醇成为机体沉重的负担。因此,对于有瘦身需求的人来说,控制热量的摄入,选择低热能的饮食是十分有必要的。

减少脂肪的摄入量是控制热量的首要途径。动物性脂肪如猪油、肥猪肉、肥羊肉、肥牛肉等,饱和脂肪酸含量过高,会促进胆固醇吸收和肝脏胆

若食用油炸食物,宜去掉焦黄外皮。

固醇的合成,使血清胆固醇水平显著提高,因此要避免食用。少吃含葡萄糖、果糖等易引起血糖、血脂升高的单糖类食物。多吃燕麦、糙米等含植物纤维较多的复合糖类食物,可以促进肠道蠕动,有利于胆固醇的排出。

减少食盐的摄入量

盐是氯和钠以离子或化合物的方式存在的物质,是调节身体水平衡的元素。当我们摄取过多盐分的时候,血液里的钠含量就会过多,会使体内代谢过程变得缓慢而失衡,从而影响器官的正常运转和体内其他化学物质的代谢,使脂肪的分解变得缓慢,让脂肪囤积,也会让毒素积存于体内,导致瘦身失败。

过量的盐可使体内的水分无法排出,导致体重假性增长。

控制脂肪摄入量

脂肪分"好"与"坏"。有些脂肪可以降低胆固醇,甚至提升身体的免疫力,这些就是"好"脂肪,它们是单不饱和脂肪酸、多不饱和脂肪酸。不饱和脂肪酸帮助排出人体内多余的"垃圾",调整人体的各种机能,有利于去脂瘦身。而有些动物性脂肪摄入过度会导致肥胖,还很容易增加体内的胆固醇,这就是"坏"脂肪。

在日常膳食中应减少饱和脂肪酸、增加不饱和脂肪酸的摄入,如以植物油代替动物油。食用肉类优选瘦肉、鱼虾等,不宜多吃高脂肪的肉制品。

香肠、火腿等肉制品不宜过量食用。

补充膳食纤维

膳食纤维是一种不能被人体消化的碳水化合物，分为非水溶性和水溶性两大类。纤维素、半纤维素和木质素是三种常见的非水溶性纤维，存在于植物细胞壁中；而果胶和树胶等属于水溶性纤维，存在于自然界的非纤维物质中。

膳食纤维对促进消化和排泄固体废物有着举足轻重的作用。适量地补充膳食纤维，可促进肠道蠕动，从而加快排便速度，降低囤积脂肪的风险。

补充蛋白质

蛋白质是一切生命的物质基础，是机体细胞的重要组成部分，是人体组织更新和修补的主要原料。机体中的每一个细胞和所有重要组成部分都有蛋白质参与。

蛋白质分子量较大，在体内的代谢时间较长，可长时间保持饱腹感，有利于控制饮食量。同时蛋白质可抑制促进脂肪形成的激素分泌，减少赘肉的产生。最重要的是，蛋白质不会过多在体内储存，也不会大量地转化成脂肪，除用于机体正常生理需求以外，大部分会代谢掉。

海鲜是瘦身人群补充优质蛋白质的重要来源。

蛋白质不是越多越好，而是越优越好。所谓优质蛋白，至少应具备两个条件：一是所含氨基酸品种齐全，特别是人体所必需的 8 种氨基酸；二是所含氨基酸比例平衡，接近人体生理需要，使其吸收与利用率高。而对于有瘦身需求的人来说，挑选优质高蛋白的同时，还要注意挑选低脂肪的食物，低脂高蛋白食物主要有：牛里脊、去皮鸡胸肉、鲤鱼、比目鱼、蛤肉、蟹肉、虾、牡蛎、脱脂牛奶等。

摄入适量的碳水化合物

碳水化合物亦称糖类化合物，是生命细胞结构的主要成分及主要供能物质，有调节脂肪代谢，提供膳食纤维的重要功能。

若膳食中缺乏碳水化合物，将导致全身无力、疲乏、血糖含量降低，产生头晕、心悸、脑功能障碍等。严重者会导致低血糖昏迷。而当膳食中碳水化合物过多时，就会转化成脂肪贮存于体内，使人过于肥胖而导致各类疾病如高脂血症、糖尿病等。碳水化合物只有消化分解成葡萄糖、果糖和半乳糖才能被吸收，而果糖和半乳糖又经肝脏转换变成葡萄糖。血中的葡萄糖简称为"血糖"，少部分直接被组织细胞利用，与氧气反应生成二氧化碳和水，放出热量供身体需要，大部分则存在人体细胞中；如果细胞中储存的葡萄糖已饱和，多余的葡萄糖就会以高能的脂肪形式储存起来，吃多了碳水化合物会发胖就是这个道理。

避免食用各类甜食，有利于瘦身。

碳水化合物的主要食物来源有糖类、谷物、水果、干果类、根茎蔬菜类等。由于碳水化合物来源不同，有瘦身需求的人应慎重选择食物，选择健康的碳水化合物食物，避免由碳水化合物引起肥胖和其他疾病。应尽量少食用低纤维碳水化合物，如高糖食物、淀粉类食物和精加工的谷物。尽量食用含大量纤维的碳水化合物，如全麦类食物，不仅可以帮助控制体重，而且还能减少患病的概率。

瘦身人群的膳食金字塔

肥胖体形不是一朝一夕形成的，而是与人们日常的不良饮食习惯密切相关。重建饮食金字塔，合理规划自己的饮食结构，养成正确的饮食方式，才能长久地瘦下去。

中国营养学会针对我国居民膳食结构中存在的问题，推出了"中国居民平衡膳食宝塔"，将五大类食物合理搭配，构成符合我国居民营养需要的平衡膳食模式。平衡膳食宝塔由五层组成，包含我们每天应吃的主要食物种类。宝塔各层位置和面积不同，这在一定程度上反映出各类食物在膳食中的地位和应占的比例。

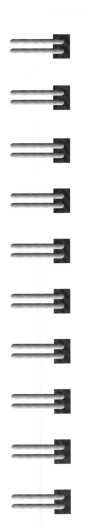

中国居民平衡膳食宝塔

（注：图片和数据来源于中国营养学会网站）

其实，食物各有其营养优势，没有好坏之分，关键在于如何选择食物的种类和数量来搭配膳食。对于有瘦身需求的人来说，还需在均衡饮食的基础上进行进一步筛选，挑选出既能补充人体所需营养，又有益于瘦身的食物。

	中国居民膳食金字塔		瘦身人群调整事项
第1层（塔尖）	盐 油	<6克 25~30克	减肥期间，不宜大量食用动物油、淀粉、高糖类食物
第2层	奶及奶制品 大豆及坚果类	300克 25~35克	瘦身期间食用未经油炸的豆制品。奶类，无论是牛奶还是酸奶，皆选脱脂、低脂且无糖为宜，少食用坚果类食物
第3层	畜禽肉 水产品 蛋类	40~75克 40~75克 40~50克	瘦身期间可食牛肉、去皮鸡胸肉等，不宜食鸭、鹅等饱和脂肪酸高的肉类。肉类烹调前，需去皮、去油脂
第4层	蔬菜类 水果类	300~500克 200~350克	瘦身期间少食用淀粉类或含淀粉类的蔬菜
第5层（塔底）	谷类 全谷物和杂豆 薯类	250~400克 50~150克 50~100克	远离精加工谷物，少食淀粉类食物。可将粗杂粮与精米白面混合搭配作为主食

哪些饮食行为有助于瘦身 ⅲⅲⅲⅲⅲⅲⅲⅲⅲⅲⅲ

如今，人们的生活水平普遍提高了，饮食结构也有了很大的改善。有些人认为，人想吃什么就是身体里面需要什么。这种错误的认知，让许多人敞开了胃口，大吃特吃。于是，摄入了大量高油脂、高盐、高糖的食物，令很多人饱了口福，却也因此失去了苗条纤细的身材，甚至危害健康，很多疾病就是在不经意间出现的。改掉不良的饮食习惯，是成功瘦身的关键。

三餐有比例

一日三餐的主食和副食应该粗细搭配，动物性食物和植物性食物要有一定的比例。一日三餐的科学分配是根据每个人的生理状况和工作需要来决定的。一般来说按食量分配，早、中、晚三餐的比例应为 3:4:3。

两正餐间隔的时间要适宜。一般混合食物在胃里停留的时间是 4~5 小时，两餐的间隔以 4~6 小时比较合适。

少食多餐

每次进食后，身体就会开始消化、吸收食物中的营养，体内的能量代谢也会活跃起来，新陈代谢会提升至较高的水平，随后再缓慢下降。长时间的饥饿会使代谢低迷，而少食多餐，就可以使代谢一直保持在较高的水平。反之，暴饮暴食是饮食的第一大忌，在短时间内大量进食，超过胃肠的负荷，不仅会导致肥胖，还可引起急性胃扩张，诱发急性胃肠炎、急性胃溃疡穿孔等。

进餐顺序有讲究

大多数人认为进餐顺序为肉类→蔬菜→主食→汤→甜点或水果。殊不知，这种用餐顺序很容易造成摄入食物过多、脂肪囤积以及影响营养吸收等不良影响。其实，只要稍微改一下平日的进食顺序，就可以让我们的饮食既有质和量，又远离肥胖隐患：水果→汤→蔬菜→肉类→主食。所以，瘦身人群不仅需要注意一日三餐食材的选择，还需要认识到进餐顺序对瘦身的影响。

细嚼慢咽

在食物进入人体后，体内的血糖会逐渐升高，当血糖升高到一定水平时，大脑食欲中枢就会发出停止进食的信号。如果吃饭速度太快，血糖来不及升高，大脑来不及反应，饭就已经吃完了，当你反应过来时已经处于"过饱"的状态了，长此以往就会因为摄入过多的食物而导致肥胖。而如果你细嚼慢咽的话，在还没吃太多食物之时，血糖就已经开始升高，刺激大脑并有效地降低食欲，即使是少量进食仍能向大脑传达饱腹的信号，避免进食过多，从而达到瘦身的目的。

加餐不可太随意

最适宜的加餐时间是在两餐之间，每天上午 10 点左右，下午 4 点左右均可加餐，而晚上 8 点之后不宜加餐。加餐的品种和数量也是有一定限制的，高蛋白低脂肪、富含膳食纤维的食物是不错的选择，这类食物饱腹感强、热量低。不能将蛋糕、曲奇饼干等高糖、高脂肪的食物作为加餐。如果吃了加餐，则要适当减少正餐的量，以免得不偿失。

不应将高糖面包、饼干等零食作为加餐。

适合瘦身期的烹调方式

食物的加工方法有很多，根据瘦身人群需要低脂、低热量、少油的饮食要求，下面介绍几种适合瘦身期间使用的烹调方法。

炒时使用植物油。

炒

炒是常用的烹调方式，即使是瘦身期也难以避免。多数动物油中饱和脂肪酸含量高，常食易肥胖。植物油中不饱和脂肪酸的含量居多，不会给体重造成负担。在瘦身期间，应选不饱和脂肪酸含量较高的植物油，可用餐巾纸或油刷等工具蘸少许油，在不粘锅底部涂抹，尽量接近"无油"的烹调方式。

生食、凉拌

生食即不经过任何烹调，只需洗净即可直接调味拌匀食用。需要注意的是，不是所有蔬菜都适宜生吃，例如菠菜。

凉拌是接近于生食的一种烹调方法。一般将食物清洗干净、切成恰当的形状之后，用开水烫过再加调料拌匀即可。此加工方法能较好地保存食物的营养素和有效成分。

应选择清淡不油腻的凉拌汁。

蒸

将食物拌好调料后放入容器中隔水蒸，是常用的烹调方法之一。蒸是利用水蒸气的高温烹制，由于水不触及食物，所以食物能保持原汁原味，营养流失也较少。比起炒、炸等烹饪方法，蒸出来的饭菜所含的油脂要少很多，此法非常适合瘦身期间使用。

蔬菜、肉类、海鲜大多可以清蒸。

减肥期煮汤时不宜勾芡。

煮

煮是常用的烹制方法之一。将食物下锅加水，先用大火煮沸后，再用小火煮熟即可。一般适用于烹制体形小且易熟的食物。食物的有效成分较好地溶解于汤汁中可连汤一起食用，需注意不要在水中加过多调料，保证原汁原味，清淡爽口。

炖

炖是食物加工的常用方法。将食物洗净切块后下锅，并注入适量清水，放入调料，用大火烧开，撇去浮沫，再改小火炖至质地软烂。

隔水炖或不隔水炖皆可。

在烘烤任何食物前，烤箱需先预热至恰当的温度。

烤

用铝箔纸包裹食物，或在烤盘上铺上一层锡纸，将食物放入预热后的烤箱中烤熟即可。此加工方法适用于自身含油脂的食物，这样就不用再额外刷油，从而做到少摄取油脂。

外食族如何瘦身

对于上班族来说，外卖、路边摊、速食食品等快餐是解决午餐的"主流"选择。快餐大多只重口感，过于油腻，营养结构十分不合理，减肥者在这种情况下往往不知道该怎么吃。其实，注意到以下几点，还是可以尽量控制体重的。

把握喝水时间

饭前喝水、饭后喝水效果大不同。在吃饭前先喝适量水，可以起到润滑肠道，增加饱腹感，降低食欲中枢的兴奋感，稀释胃酸，抑制食欲，减少进食量的作用。饭后喝水，大量的水分进入机体后会冲淡胃液和消化酶，食物也会被稀释，不仅影响消化吸收，阻碍食物转化成糖原供给每日机体活动，还会作为脂肪囤积在体内，增加肥胖风险。

亦可喝适宜的果蔬汁、花草茶。

食材选择有技巧

早餐可选择全麦面包、脱脂牛奶、水煮蛋等，营养又健康。午餐、晚餐应尽量避免选择用油酥、油炸、油煎、油炒等方式烹制出来的食物。应选择清淡少油、低脂，不过多使用调味料、添加剂的食物。

让外卖食物更清淡

外卖食物看起来色香味俱全，然而这背后隐藏着很多健康"炸弹"。为了提升食物的口感，厨师往往会在饭菜里添加很多调料，如鸡精、味精、动物油等。对于有瘦身需求的人来说，首先要尽量选择清淡的食物。在点餐时，要求厨师少放油、盐、糖、味精等。食用高油脂食物前，将表面的浮油撇去或用清水冲去食物上的多余油水。食用油炸食物前，先将裹粉外皮去除，以免摄取过多的脂肪。

喝对下午茶

下午茶是不少白领生活中必不可少
的一部分，可口的茶点、香甜的饮品令
人难以割舍，但随之而来的是体重飙升。
对于有瘦身需求的上班族们来说，如何
才能轻松又健康地享受下午茶呢？首先
下午茶的时间最好选在下午 3~4 点之间，
这时人易疲劳、有饥饿感，喝些促消化、
降食欲的蔬果汁、花草茶，不仅可以促进
消化午餐的积食，还可以抑制食欲，减少
晚餐的食物摄入量。

相比浓茶，喝淡茶更有益于健康。

警惕高热量酱汁

沙拉一直给人美味又健康的印象，减重者经常会以沙拉作为正餐，然而高
热量的沙拉酱往往被人忽视。为控制热量，瘦身人群应以醋汁、柠檬汁代替千
岛酱、蛋黄酱、牛排酱、烤肉酱或沙茶酱等热量高的酱汁。

有氧运动不可少

通过一定量的有氧运动，人体消耗掉多余的脂肪、糖类，促进新陈代谢，
从而达到减肥瘦身的目的。不少外食族不仅不方便自制减肥餐，往往也没有
过多的时间、精力去健身房运动，只得用尽所有不用运动的减重方法，但就是
怎么都瘦不下来。其实，瘦身运动并非一定要去健身房才能做，在日常生活中
有很多运动方式，坚持下去，也能起到瘦身的作用，例如饭后半小时快步走、
爬爬楼梯等都能促进消化，减少脂肪囤积。

第二章

愉快地吃，美美地瘦

营养师挑选了近40种食物，从主食到蔬菜，从蛋类到奶类，从水果到饮品，一应俱全，多方位为你推荐适合瘦身期间食用的食物，助你在瘦身的同时还能拥有高品质的生活，做到全身心地"享瘦"。

西蓝花
—— 调节新陈代谢

有助于降低肠胃对葡萄糖的吸收

西蓝花有抗氧化作用。

西蓝花的含水量高达 90% 以上，且其热量很低，所以西蓝花既能带给人饱腹感，又不会因食入过多而导致发胖。此外，西蓝花中所含的钙、镁、锌、钾、维生素 C、胡萝卜素等能调节人体的新陈代谢，有助于消除水肿。

西蓝花营养信息

每 100 克含：

热量（千焦）150
脂肪（克）0.6
碳水化合物（克）4.3
蛋白质（克）4.1

瘦身食用方式

清蒸、素炒为佳，亦可焯熟后做蔬菜沙拉。

挑选技巧

1. 应选整体坚固、花苞茂密的西蓝花。
2. 选择浓绿鲜亮的，若西蓝花多黄色则说明不新鲜。

西蓝花苹果汁

原料： 西蓝花 50 克，苹果 1 个。

1 西蓝花掰小朵、洗净，放入热水锅中焯熟。苹果洗净，切小块。

2 将西蓝花和苹果块放入榨汁机中，加适量水一同榨汁即可。

苹果可中和西蓝花的苦涩味。

可以直接生榨西蓝花吗？

不建议生吃西蓝花，否则易引起胀气。

蒜蓉 西蓝花

原料： 西蓝花 250 克，蒜蓉、盐各适量。

1 西蓝花掰小朵，洗净；锅中加水煮沸，放入西蓝花焯熟。

2 将焯熟的西蓝花装入盘中，加入蒜蓉、盐调味即可。

木耳有润肠通便的作用，慢性腹泻者不宜多吃。

也可自选低热量凉拌汁

西蓝花不宜久焯，以免过多流失营养成分。

蒜蓉可以加油煸香吗？

可以，用不粘锅涂抹适量植物油煸香。

西 蓝花 拌木耳

原料： 西蓝花 200 克，木耳（干）5 克，胡萝卜1根，盐、醋、生抽、蒜末各适量。

1 木耳泡发，撕小片。西蓝花掰小朵，洗净。胡萝卜洗净，切丝。

2 开水锅中加入适量盐，分别放入木耳片、西蓝花、胡萝卜丝焯熟。

3 将木耳片、西蓝花、胡萝卜丝装盘，加入盐、醋、生抽、蒜末拌匀即可。

苦瓜
—— 天然胰岛素"平衡剂"

减少脂肪和糖的吸收

苦瓜可利水消肿，润肤美容。

胰岛素不仅影响着人体血糖水平，还能促进脂肪的合成与贮存，抑制脂肪的分解氧化。苦瓜含铬、苦瓜素等，有助于降低血糖、使胰岛素分泌平衡，进而减少体内脂肪堆积。

苦瓜营养信息

每100克含：
能量（千焦）91
脂肪（克）0.1
碳水化合物（克）4.9
蛋白质（克）1.0

瘦身食用方式

凉拌、清炒皆可；榨汁更易被人体消化吸收。

挑选技巧

1.苦瓜表皮的凸起颗粒越大越饱满，则果肉越厚实、汁液越充足，口感越好。
2.翠绿色的苦瓜比较新鲜。
3.长势好的苦瓜两头是尖尖的，瓜身较直。

柠香苦瓜

原料： 苦瓜2根，柠檬半颗，醋、盐、白芝麻、葱末各适量。

1 苦瓜洗净，去瓤、斜刀切片。用力挤压柠檬，挤出汁水。

2 将苦瓜片放入热水锅中焯熟后装盘，加入柠檬汁、醋、盐、白芝麻、葱末拌匀即可。

可将柠檬皮擦屑，加入菜肴中。

? 不喜欢苦味，可以加白糖吗？

不宜加白糖，苦瓜焯前用水浸泡能减少苦味。

苦瓜性寒凉，脾胃
虚寒者不宜常吃。

苦瓜 豆腐汤

原料： 苦瓜1根，豆腐100克，黄椒丝、红椒丝、盐各适量。

1 苦瓜洗净，切段，放入开水锅中焯熟。豆腐冲净，切片。

2 锅中加水烧开，加入豆腐片、苦瓜段稍煮，加入盐搅匀，撒上黄椒丝、红椒丝即可。

豆腐是人体补充蛋白质的良好来源。

可加猕猴桃，
缓解苦味。

苦瓜汁

原料： 苦瓜1根。

1 苦瓜洗净，去瓤，切片。

2 锅中加水烧开，放入苦瓜片焯熟。

3 将焯熟的苦瓜片放入榨汁机内，加入适量水一同榨汁即可。

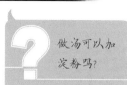

? 做汤可以加淀粉吗？

瘦身期间不建议加，若一定要加，宜选玉米淀粉。

冬瓜
—— 防止脂肪堆积

有助于抑制糖类转化为脂肪

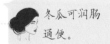
冬瓜可润肠通便。

　　冬瓜中的丙醇二酸、葫芦巴碱有助于抑制人体内糖类转化为脂肪，并可促进脂肪消耗，预防体内脂肪堆积。此外，冬瓜中的膳食纤维可促进肠胃蠕动，有助于减肥降脂。

冬瓜营养信息

每100克含：
能量（千焦）52
脂肪（克）0.2
碳水化合物（克）2.6
蛋白质（克）0.4

瘦身食用方式

可清蒸、素炒、煮汤、榨汁等；冬瓜皮可泡茶。

挑选技巧

1.瓜身周正，外形匀称。
2.瓜皮较硬，有白霜，无斑点。
3.同等体积时，一般分量重的更佳。

冬瓜蒸虾仁

原料： 冬瓜200克，虾仁100克，盐、葱丝、姜丝、料酒各适量。

1 冬瓜洗净，去瓤，切条。虾仁洗净，放入热水锅中焯烫片刻。

2 将冬瓜条、虾仁放入容器中，加入盐、料酒、葱丝、姜丝搅匀，隔水蒸熟，去除葱丝、姜丝即可。

冬瓜可焯水，能增加风味。

？ 能加辣椒调味吗？

可以适量加些用来调味。

素烧 冬瓜

原料： 冬瓜 250 克，盐、植物油各适量。

1 冬瓜洗净，去瓤，切块。

2 油锅烧热，放入冬瓜块炒至四边略显金黄，加入盐、适量水后盖上锅盖，焖煮至冬瓜熟透即可。

此汤可清热祛湿，尤其适宜夏天饮用。

肥胖伴高血压、高脂血症者尤宜食用。

可以用橄榄油吗？

炒菜宜选精炼橄榄油，初榨橄榄油适于凉拌。

冬瓜荷叶 薏米汤

原料： 冬瓜 150 克，薏米 30 克，盐、干荷叶各适量。

1 冬瓜洗净，去瓤，切片。薏米用清水泡 4~5 小时。

2 锅中加入适量水，加入薏米大火烧开，再转小火煮至薏米开花，汤微变白。

3 加入冬瓜片、干荷叶，转大火烧开，再转中火煮 2 分钟，加盐调味即可。

番茄
—— 促进肠道蠕动

有助于清除体内自由基

含柠檬酸、苹果酸，促消化。

番茄含有丰富的膳食纤维和维生素等，不仅可以增加饱腹感，还能促进肠道收缩、蠕动，加快排出体内废物。此外，番茄中的番茄红素可以降低体内热量，减少脂肪堆积。

番茄营养信息

每 100 克含：
能量（千焦）85
脂肪（克）0.2
碳水化合物（克）4.0
蛋白质（克）0.9

瘦身食用方式

可生食，特别是夏季。
可烹制，但应避免长时间高温加热。

挑选技巧

1. 外形圆润，没有棱角。
2. 皮薄有弹力，摸上去结实不松软。
3. 观察番茄底部的果蒂，脐小则说明筋少汁多，果肉厚。

松子仁拌番茄

原料： 番茄 2 个，松子仁 10 克。

1 番茄洗净，切块。松子仁放入锅中，用小火烘出香味，取出切碎。

2 将番茄块装盘，撒上松子仁碎，拌匀即可。

蒂部大的番茄大多不酸，适宜榨汁。

? 可以多放些松子仁吗？

松子仁虽含不饱和脂肪酸，但热量较高，减肥期少食为宜。

若不喜欢蔬果汁的口味，可适当加几滴蜂蜜，但不建议加白糖或冰糖。

番茄 炒西蓝花

原料： 西蓝花150克，番茄1个，盐、蒜片、植物油各适量。

1 西蓝花掰小朵，洗净。番茄洗净，切块。锅中加水烧开，放入西蓝花焯至断生。

2 油锅烧热，蒜片煸香，放入番茄块、西蓝花翻炒，加盐调味即可。

西蓝花可补充人体微量元素，适宜瘦身运动大量排汗后食用。

若追求果汁纯度，可不加水榨汁。

番茄 胡萝卜汁

原料： 胡萝卜1根，番茄1个。

1 胡萝卜、番茄分别洗净，切小块。

2 胡萝卜块、番茄块放入榨汁机中，加入适量水一同榨汁即可。

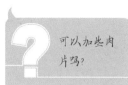
可以加些肉片吗？

优选鸡胸肉、鱼肉。

胡萝卜
—— 富含胡萝卜素

素有"小人参"之称

抑制低密度脂蛋白氧化沉积。

胡萝卜富含胡萝卜素、维生素 B_1、花青素、钙、铁等，营养丰富，加之其本身热量比较低，非常适宜在瘦身期食用。此外，胡萝卜还含有丰富的膳食纤维，可促进肠道蠕动，利膈宽肠，消积通便。

胡萝卜营养信息

每100克含：
能量（千焦）191
脂肪（克）0.2
碳水化合物（克）10.2
蛋白质（克）1.4

瘦身食用方式

可生食，也可与其他果蔬一起炒食。

挑选技巧

1.表面有光泽，为橙红色。
2.表皮光滑，无裂口，无伤烂。
3.芯柱小为佳。胡萝卜底部与叶子相连的部分越小，则芯柱越小。

胡萝卜橙汁

原料： 胡萝卜半根，橙子1个。

1 胡萝卜洗净，切小块。橙子去皮，切小块。

2 胡萝卜块、橙子块放入榨汁机中，加入适量水一同榨汁即可。

此汁可加快新陈代谢，解油腻。

? 果汁渣滓可以吃吗？

若需补充膳食纤维，可以吃。

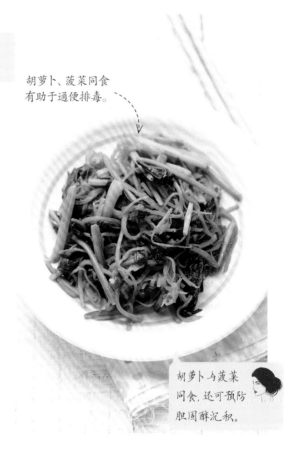

胡萝卜、菠菜同食
有助于通便排毒。

胡萝卜炒豆芽

原料： 胡萝卜1根，豆芽150克，香菜段、酱油、醋、盐、植物油各适量。

1 胡萝卜洗净，切丝。豆芽择洗干净。

2 油锅烧热，放入胡萝卜丝翻炒，放入豆芽，加盐、醋、酱油炒匀，撒上香菜段即可。

胡萝卜炒至断生后再放豆芽。

？ 如何挑选豆芽？

洁白、有光泽为佳，加过漂白剂的豆芽过白或灰白，无光泽。

胡萝卜与菠菜同食，还可预防胆固醇沉积。

胡萝卜炒菠菜

原料： 胡萝卜1根，菠菜100克，盐、酱油、植物油各适量。

1 胡萝卜洗净，切丝。菠菜洗净，切段。

2 锅中加水烧开，放入菠菜段焯至断生。

3 油锅烧热，放入胡萝卜丝、菠菜段翻炒，加盐、酱油调味即可。

黄瓜
—— 人体"清道夫"

瘦身人士的好"伴侣"

可促进新陈代谢。

　　黄瓜是一种理想的瘦身良蔬，其含有丰富的膳食纤维、丙醇二酸，有利于清扫体内垃圾，消积通便，也有抑制糖类转化为脂肪的作用。

黄瓜营养信息

每100克含：
能量（千焦）65
脂肪（克）0.2
碳水化合物（克）2.9
蛋白质（克）0.8

瘦身食用方式

可生食；也可搭配其他果蔬一起清炒。

挑选技巧

1.相比浅绿色的黄瓜，深绿色的更佳。
2.黄瓜表皮刺小而密，表示较新鲜。
3.瓜身细长均匀且柄短的黄瓜口感较好。

黄瓜 苹果饮

原料： 黄瓜1根，苹果1个。

1 黄瓜、苹果分别洗净，切小块。

2 黄瓜块、苹果块放入榨汁机中，加入适量水一同榨汁即可。

黄瓜带皮食用时，可用盐水清洗。

? 可以一次榨完，分多次喝吗？

最好现榨现喝，因为营养会在储藏过程中流失。

肥胖伴高血压、高脂血症、糖尿病者皆宜食用。

黄瓜炒木耳

原料： 黄瓜 2 根，木耳（干）5 克，葱花、盐、植物油、酱油各适量。

1 木耳用水泡发，洗净，撕小朵。黄瓜洗净，切菱形片。

2 油锅烧热，放入葱花煸香，放入黄瓜片、木耳翻炒，加盐、酱油调味即可。

木耳炒至断生即可，久炒易口感不佳。

喜酸，可以加醋调味吗？

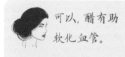

可以，醋有助软化血管。

黄瓜炒虾仁

原料： 黄瓜 150 克，虾仁 100 克，蒜蓉、红椒丝、盐、酱油、植物油各适量。

1 虾仁洗净。黄瓜洗净，切块。

2 油锅烧热，加蒜蓉煸香，加入虾仁、黄瓜块翻炒，加盐、酱油调味，撒上红椒丝即可。

芹菜
—— 促进糖代谢

可降血糖、降血压、降血脂

> 芹菜可利水消肿。

　　芹菜是理想的瘦身食物，人体消化芹菜所需要的热量高于其本身的热量。不仅如此，芹菜还富含类黄酮、膳食纤维等，有助于抑制消化道对糖的吸收，也有助于排出肠道内多余的脂肪，从多方面起到瘦身的作用。

芹菜营养信息

每100克含：
能量（千焦）71
脂肪（克）0.1
碳水化合物（克）3.9
蛋白质（克）0.8

瘦身食用方式

芹菜茎秆和叶可一同食用，可清炒、凉拌、榨汁等。

挑选技巧

1. 颜色嫩绿，叶子不发黄。
2. 选择根茎较细的，吃起来更鲜嫩。

爽口芹菜叶

原料： 芹菜叶200克，蒜、醋、生抽、盐各适量。

1 芹菜叶洗净。蒜洗净，切末。锅中加水烧开，放入芹菜叶焯熟，过凉水，沥干。

2 芹菜叶装盘，撒上蒜末，加入盐、醋、生抽拌匀皆可。

不宜用深绿色的芹菜叶，口感老。

芹菜叶有什么好处？

> 可利湿消肿，清肠利便。

芹菜拌木耳

切肉时沿着肉的纹路垂直切，吃时易咀嚼。

原料：芹菜 150 克，木耳（干）6 克，葱丝、蒜末、盐、生抽、醋各适量。

1 木耳泡发，洗净，撕小朵。芹菜择洗干净，切段。芹菜段、木耳用沸水焯熟。

2 将芹菜段、木耳盛入容器中，加入生抽、醋、盐、葱丝、蒜末拌匀即可。

素菜可用香醋凉拌。

也可加入芹菜叶同炒。

芹菜炒牛肉

原料：牛肉 100 克，芹菜 150 克，酱油、盐、料酒、植物油各适量。

1 牛肉洗净，切丝。芹菜择洗干净，切段。

2 油锅烧热，放入牛肉丝煸炒至变色，加料酒翻炒片刻，盛出。放入芹菜段翻炒片刻，再次放入牛肉丝，加入盐、酱油调味即可。

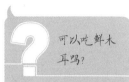
？ 可以吃鲜木耳吗？

不可，吃新鲜木耳易引起卟啉中毒。

空心菜
—— 富含膳食纤维

促进肠蠕动，清热通便

空心菜中含有膳食纤维，可加速排出体内有害物质。此外，空心菜中还含有大量钾元素，有助于将肠内多余水分排出体外。

空心菜可降低甘油三酯。

空心菜营养信息

每100克含：
能量（千焦）97
脂肪（克）0.3
碳水化合物（克）3.6
蛋白质（克）2.2

瘦身食用方式

焯水后可凉拌、清炒。不宜久煮，以免营养过度流失。

挑选技巧

1.整株完整，没有多余的须根。
2.叶子鲜绿，无黄叶。

蒜蓉空心菜

原料： 空心菜250克，蒜、生抽、醋、盐各适量。

1 空心菜洗净，切段。蒜去皮，切末。锅中加水烧开，放入空心菜焯熟。

2 空心菜段放入容器中，加入生抽、醋、盐、蒜末拌匀即可。

空心菜焯至断生变软即可，不宜久焯。

？ 空心菜一定要焯烫吗？

焯水有助去除空心菜中的草酸，以免影响人体吸收钙。

不宜久炒，以免
出汤不好吃。

凉拌双菇 空心菜

原料： 空心菜150克，香菇、金针菇各50克，生抽、醋、盐各适量。

1 空心菜洗净，切段。金针菇洗净。香菇洗净，切片。空心菜段、金针菇、香菇片用沸水焯熟。

2 空心菜段、金针菇、香菇片放入容器中，加入生抽、醋、盐拌匀即可。

菇帽未开裂、无
小黄斑的金针菇
较新鲜。

焯过的空心菜
不宜久炒。

空心菜 炒鸡蛋

原料： 空心菜150克，鸡蛋1个，盐、酱油、植物油各适量。

1 空心菜洗净，切段。鸡蛋打成蛋液。

2 锅中加水烧开，放入空心菜焯至断生。

3 油锅烧热，倒入鸡蛋液搅散，放入空心菜段翻炒，加盐、酱油调味即可。

可以用酱
油吗？

可以，但生抽
更适宜凉拌，
且盐度更低。

秋葵
——高蛋白、低热量

每100克秋葵嫩果只含有0.1克脂肪

秋葵富含蛋白质、钙、磷等。

秋葵是高蛋白、低热量食物，对于有瘦身需求的人来说，食用秋葵不仅可以补充人体所需营养，还不必担忧过多地增加脂肪含量。不仅如此，其含有的膳食纤维还可抑制部分脂肪的吸收，有助于瘦身。

秋葵营养信息

每100克含：
热量（千焦）189
脂肪（克）0.1
碳水化合物（克）11.0
蛋白质（克）2.0

瘦身食用方式

凉拌、煮汤皆可。

挑选技巧

1.选择颜色浅、个头小的。
2.捏根部，若可轻易捏动则较嫩。
3.绒毛较多则较嫩。

秋葵炒香干

原料：秋葵100克，香干80克，盐、醋、植物油各适量。

1 秋葵洗净，切片。香干切细条。

2 油锅烧热，放入秋葵片和香干条翻炒，炒熟后加盐、醋调味即可。

香干可作为减肥期的蛋白质来源。

必须用植物油吗？

优选植物油，不宜用动物油。

秋葵不宜切开焯水，以免内里的黏液流失。

秋葵鳕鱼沙拉

原料： 秋葵、生菜各 100 克，鳕鱼 50 克，醋、生抽各适量。

1 秋葵洗净。生菜洗净，撕小片。鳕鱼冲净，切块，加盐，用烤箱烤熟。

2 秋葵用沸水焯熟，切段。将鳕鱼块、秋葵段放入容器中，加入醋、生抽拌匀即可。

鳕鱼属于热量低的肉类食物。

鸡肉也可用橄榄油炒熟。

秋葵拌鸡肉

原料： 秋葵 100 克，鸡肉 70 克，柠檬 1 个，小番茄 70 克，生抽适量。

1 柠檬洗净，对半切开，用压榨器挤压出柠檬汁。

2 鸡肉洗净，切丁。小番茄洗净，对半切开。秋葵洗净。

3 锅中加水烧开，放入秋葵焯烫，捞出，切段。放入鸡肉丁汆烫。

4 将鸡肉丁、秋葵段、小番茄放入碗中，加入柠檬汁、生抽拌匀即可。

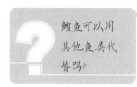

鳕鱼可以用其他鱼类代替吗？

可选用鲅鱼、鳙鱼等。

木耳（干）
——排毒清肠

有助于降血糖

含有丰富的蛋白质。

干木耳中含有丰富的植物胶原，具有较强的吸附作用，可以清胃涤肠，促进人体排出体内的胆固醇与有害物质，有良好的排毒清肠、瘦身去脂功效。

木耳（干）营养信息

每 100 克含：
热量（千焦）1107
脂肪（克）1.5
碳水化合物（克）65.6
蛋白质（克）12.1

瘦身食用方式

木耳用凉水泡发，焯烫后凉拌为佳；炒、煮等亦可。

挑选技巧

1. 乌黑色，色泽均匀。
2. 优质的木耳卷曲紧缩，叶薄。
3. 朵片坚挺、有韧劲，不易被捏碎。

木耳
凉拌海带丝

原料： 芹菜150克，木耳(干)5克，海带70克，生抽、醋、盐各适量。

1 木耳、海带分别泡发，洗净，切丝。芹菜择洗干净，切段。芹菜段、木耳丝、海带丝用沸水焯熟。

2 将生抽、醋、盐拌入芹菜段、木耳丝、海带丝中即可。

超市有售即食海带丝，方便快捷。

？ 如何让海带口感更爽脆？

海带煮好后过一下凉水。

泡发木耳时可加
3~5毫升醋，加快
泡发速度，且有
助于清洗干净。

木耳 炒白菜

原料： 白菜150克，木耳（干）5克，盐、醋、花椒、植物油各适量。

1 木耳用水泡发，洗净，撕小朵。白菜洗净，切片。

2 油锅烧热，放入花椒炒出香味，放入白菜片、木耳翻炒，加盐、醋调味即可。

喜辣者，可加
辣椒炝锅。

为保持清脆口
感，西芹翻炒
时间不宜过长。

木耳 炒西芹

原料： 西芹150克，木耳6克，红椒20克，葱花5克，枸杞子、盐、蚝油和植物油各适量。

1 木耳用水泡发，洗净，切小朵。西芹择去叶子，洗净，斜刀切条。红椒洗净，斜刀切片。

2 油锅烧热，爆香葱花，捞出葱。加入西芹、木耳翻炒，加入蚝油提鲜，放红椒片继续翻炒。

3 加盐调味后盛盘即可。

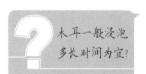

木耳一般浸泡
多长时间为宜？

用冷水浸泡
1~2小时即可。

莴笋
——天然的钾、钠调节剂

有助于消除体内水钠潴留

莴笋中的酶可促进消化。

莴笋是一种高钾低钠的食物，它所含的钾离子是钠离子的数倍，这有助于调节人体内钾、钠的平衡，促进新陈代谢，利尿消水肿，从而起到瘦身的作用。

莴笋营养信息

每100克含：

热量（千焦）62
脂肪（克）0.1
碳水化合物（克）2.8
蛋白质（克）1.0

瘦身食用方式

凉拌、炒食、煮汤等均可。

挑选技巧

1. 笋形短粗条顺。
2. 不带黄叶、不抽苔。
3. 根部横切面有乳白色液体为佳。

莴笋 凉拌金针菇

原料： 金针菇50克，莴笋150克，盐、生抽、醋各适量。

1 金针菇洗净。莴笋去皮，洗净，切丝。

2 锅中加水烧开，分别放入金针菇、莴笋丝焯熟。

3 将金针菇、莴笋丝盛入容器中，加入生抽、醋、盐拌匀即可。

莴笋尽量切得薄一点儿，口感更好。

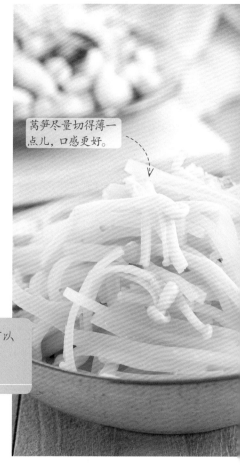

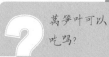

莴笋叶可以吃吗？

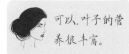

可以，叶子的营养很丰富。

莴笋焯 10 秒左右即可，保持口感爽脆。

莴笋 炒笋丝

原料： 莴笋 100 克，竹笋 70 克，植物油、盐、酱油各适量。

1 莴笋去皮，洗净，切片。竹笋洗净，从中间一剖为二，切片，用加了盐的沸水焯烫去掉其涩味，过凉水，沥干。

2 油锅烧热，放入莴笋片、竹笋片翻炒，加盐、酱油调味即可。

笋节又坚又密的竹笋，吃起来口感更嫩。

莴笋如何储藏？

冷藏，需与苹果、梨子和香蕉分开，以免诱发褐色斑点。

凉拌 莴笋丝

原料： 莴笋 100 克，红椒、盐、生抽、醋各适量。

1 莴笋去皮，洗净，切丝。红椒洗净，去子，切丝。

2 锅中加水烧开，放入莴笋丝焯熟。

3 将莴笋丝盛入容器中，加入生抽、醋、盐拌匀，撒上红椒丝即可。

茄子
——低脂、低热量

富含矿物质

促进消化液分泌。

　　茄子属于茄科家族中的一员，是为数不多的紫色蔬菜之一，在它的紫皮中含有丰富的维生素 E 和维生素 P，营养丰富且热量低，有减肥需求的人可常食。

茄子营养信息

每 100 克含：
热量（千焦）95
脂肪（克）0.1
碳水化合物（克）5.4
蛋白质（克）1.0

瘦身食用方式

茄子易吸油，故凉拌、清蒸、烤箱烤熟更佳。

挑选技巧

1.果形均匀，颜色鲜艳，软硬适中。
2.无裂口、腐烂、锈皮、斑点。

蒜香 茄 子

原料： 茄子150克，蒜、生抽、醋各适量。

1 蒜去皮，切末。茄子洗净，切条，隔水蒸至茄肉软烂。

2 将蒜末撒在茄子上，倒入生抽、醋拌匀即可。

带皮一起吃，瘦身效果更佳。

可以炒食吗？

瘦身期间不宜，茄子易吸油。

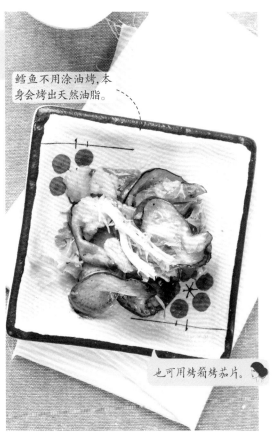

鳕鱼不用涂油烤，本身会烤出天然油脂。

也可用烤箱烤茄片。

蒸茄条

原料： 茄子150克，红椒、青椒、蒜各20克，生抽、醋各适量。

1 蒜去皮，切末。红椒、青椒分别洗净，去子，切丁。茄子洗净，切条，隔水蒸至茄肉软烂。

2 将蒜末、红椒丁、青椒丁撒在茄子上，倒入生抽、醋拌匀即可。

茄子有助于降低胆固醇，清脂瘦身。

茄子 鳕鱼沙拉

原料： 茄子、生菜各100克，鳕鱼50克，醋、盐、生抽各适量。

1 鳕鱼冲净，切小块。生菜洗净，撕小片。茄子洗净，切片，隔水蒸至茄肉软烂。

2 烤箱预热，烤箱盘上铺一层锡纸，放上鳕鱼块，撒上盐，放入烤箱内烤熟。

3 将鳕鱼块、茄子片、生菜片放入容器中，加入醋、生抽拌匀即可。

有哪些挑选鳕鱼的简单方法？

选择北大西洋、北太平洋地区产的鳕鱼。

香菇（干）
——减少肠道胆固醇

有助于降血脂

可预防动脉硬化等。

香菇所含的膳食纤维能减少肠道对胆固醇的吸收，其含有的嘌呤、胆碱、酪氨酸、氧化酶以及某些核酸物质，还能起到降血脂的作用。

香菇（干）营养信息

每100克含：
热量（千焦）1148
脂肪（克）1.2
碳水化合物（克）61.7
蛋白质（克）20.0

瘦身食用方式

清炒、炖汤等皆可。

挑选技巧

1. 看外形。干香菇的菌盖厚实、齐整，盖面平滑，大小均匀。
2. 无霉变、碎屑。

清炖香菇

原料： 娃娃菜300克，香菇（干）20克，香菜末、盐、料酒各适量。

1 娃娃菜去根，洗净。香菇泡发，洗净，切片。

2 锅中加入适量水，放入香菇，大火烧开，转小火，加入娃娃菜稍煮，再加入盐、料酒，撒上香菜末即可。

娃娃菜解油腻、排毒，适宜瘦身期食用。

怎么区分娃娃菜和白菜？

娃娃菜的菜帮薄，白菜根部粗壮。

香菇 竹笋汤

原料： 香菇（干）10克，竹笋50克，金针菇20克，盐适量。

1 香菇泡发，洗净，切片。竹笋洗净，从中间一剖为二，切丝。金针菇洗净。

2 锅中加水，放入香菇片、竹笋丝、金针菇，中火煲至食材熟透，加入盐调味即可。

此汤尤其适于肥胖且体内积热者食用。

有消脂清热功效，特别适合肥胖并发心血管疾病者食用。

也可用老抽炒菜。

如何泡发干香菇？

干香菇烹饪前用温水泡至菇盖全部软化。

香菇 炒芹菜

原料： 香菇（干）15克，芹菜150克，酱油、盐、植物油各适量。

1 香菇泡发，洗净，切片。芹菜择洗干净，切段。

2 将香菇片、芹菜段放入沸水中焯熟，捞出，沥干水分。

3 油锅烧热，放入香菇片、芹菜段，加入酱油、盐炒匀即可。

魔芋

——热量低

加快排出体内有害物质

活跃肠道功能。

魔芋自身所含热量极低，且含有丰富的植物纤维素。其含有的葡萄甘露聚糖吸水会膨胀，少量食用即可带给人饱腹感，可让人在满足食欲的同时减少热量的吸收，从而起到瘦身的作用。

瘦身食用方式

凉拌、磨粉、水煮皆可，可代替部分主食食用。

挑选技巧

1.颜色灰白色者为佳。
2.摸起来光滑，不黏。

杂菜凉拌魔芋

原料： 魔芋50克，木耳（干）3克，胡萝卜、黄瓜各半根，盐、生抽、醋、薄荷叶各适量。

1 木耳泡发。木耳、魔芋、胡萝卜、黄瓜分别洗净，切丝，用沸水焯熟。

2 魔芋丝、黄瓜丝、胡萝卜丝、木耳丝放入碗中，加盐、生抽、醋拌匀，撒上薄荷叶即可。

魔芋有强大的吸水膨胀力，可减少饥饿感。

可以加银耳吗？

可以。银耳水分高，热量低。

魔芋 菠萝橘子汤

原料： 菠萝70克，橘子、苹果各1个，魔芋100克。

1 菠萝去皮，去内刺，切块，放入盐水中浸泡。橘子去皮，取肉，掰瓣。魔芋洗净，切块。苹果洗净，切块。

2 锅中加水烧开，放入魔芋块、菠萝块、苹果块、橙子，煮至魔芋熟透即可。

荠菜富含膳食纤维，可促进肠道蠕动，有助于瘦身。

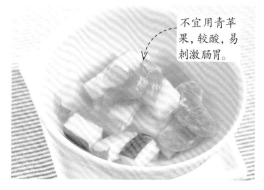

不宜用青苹果，较酸，易刺激肠胃。

可以用魔芋粉代替吗？

可以。取魔芋粉3~5克。

魔芋 荠菜汤

原料： 魔芋丝、荠菜各50克，红椒丝、盐、醋各适量。

1 魔芋丝洗净。荠菜洗净，切段，用沸水焯烫片刻。

2 锅中加入适量水，放入魔芋丝大火烧开，再转小火煮至魔芋丝熟透。

3 加入荠菜段、盐、醋稍煮，撒上红椒丝即可。

苹果

—— 减少进食量

降低血液中甘油三酯含量

使大便松软，预防便秘。

苹果中含有果胶，在肠内吸附水分后能够膨胀，进而有效增加饱腹感，减少进食量，达到瘦身的效果。此外，苹果中还含有丰富的钾，可与体内过剩的钠结合并排出体外，有助于消除水肿。

苹果营养信息

每100克含：

能量（千焦）227
脂肪（克）0.2
碳水化合物（克）13.5
蛋白质（克）0.2

瘦身食用方式

生食、榨汁或蒸食为佳。

挑选技巧

1.色泽鲜艳，外形圆滑者为佳。
2.无黑洞、黑斑，不发烂、发软。
3.用指尖轻敲，声音清脆。

苹果
山楂羹

原料： 苹果1个，山楂3颗。

1 苹果洗净，切小块。山楂洗净，去子，切片。

2 将苹果块、山楂片放入锅中，加适量水大火烧开，再转小火煮至山楂软烂即可。

山楂有助于消食化积。

可以直接生吃山楂吗？

不宜，吃生山楂易引起胃酸分泌过多。

苹 ^果 南瓜糊

原料： 苹果1个，南瓜100克。

1 南瓜去皮，洗净，切薄片。苹果洗净，切小块。南瓜片、苹果块一起上蒸锅蒸软。

2 将蒸好的南瓜片、苹果块放到料理机中打成糊即可。

饭前饮用，瘦身效果更佳。

也可做胡萝卜苹果沙拉。

南瓜富含果胶，有保护胃黏膜、助消化的作用。

南瓜味甜，瘦身期可以吃吗？

可以，南瓜甜并非因为糖分高，而是因为含果糖成分。

苹 ^果 胡萝卜汁

原料： 苹果1个，胡萝卜1根。

1 苹果洗净，切小块。胡萝卜洗净，切片。

2 将苹果块、胡萝卜片放入榨汁机，加适量水一同榨汁即可。

柚子

——抑制亢性食欲

天然抗氧化剂

柚子略有香气，果实柔嫩多汁，味偏酸甜，口感颇佳。它含有丰富的维生素C、维生素P以及可溶纤维素，有生津解渴、瘦身降脂和保养肌肤等功效。

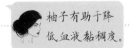

柚子有助于降低血液黏稠度。

柚子营养信息

每100克含：
能量（千焦）177
脂肪（克）0.2
碳水化合物（克）9.5
蛋白质（克）0.8

瘦身食用方式

生食、与其他蔬果搭配榨汁皆可。

挑选技巧

1.用手轻拍柚子，选拍起来感觉紧致而坚实的。
2.选择表面有光泽、尖头平底的柚子。
3.同等体积的柚子，手感较重者更佳。

柚子 番茄汁

原料： 番茄1个，柚子100克。

1 番茄洗净，切块。柚子去皮，取肉，掰小块。

2 将番茄块、柚子块放入榨汁机中，加适量水一同榨汁即可。

肥胖并发糖尿病者的理想饮品。

柚子皮可以吃吗？

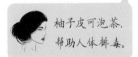

柚子皮可泡茶，帮助人体排毒。

用盐水清洗柚子皮，有助于去除农药残留。

柚子
菠萝酸奶昔

原料： 菠萝 50 克，柚子 100 克，脱脂酸奶适量。

1 菠萝去皮，去内刺，切块，放入盐水中浸泡。柚子去皮，取肉，掰小块。

2 将菠萝块、柚子块放入脱脂酸奶中搅匀即可。

菠萝有助于消化肉类蛋白质。

绿茶可消食化积，去腻瘦身。

柚子皮
绿茶

原料： 柚子皮 30 克，绿茶 2 克。

1 柚子皮洗净，切薄片，用淡盐水浸泡 1 小时左右后捞出，沥干水分。

2 将柚子薄片、绿茶一同放入杯中，倒入沸水冲泡，盖盖儿闷 15 分钟即可。

可用牛奶代替酸奶吗？

可以。但应选用脱脂牛奶。

火龙果
—— 低热量、高纤维

含有一般植物少有的植物性白蛋白、花青素

火龙果可预防便秘。

　　火龙果是一种低热量，高纤维的食物，不仅不会带来体重增加的负担，还能促进肠胃蠕动，加快排出体内的垃圾和毒素。可在上、下午加餐时吃火龙果，有助消化、润肠通便的功效。

瘦身食用方式

火龙果所含的花青素对温度敏感，故生食为佳。宜饭后食用。

挑选技巧

1.应选绿色尖叶部分不过分枯竭发黄、红色表皮不皱缩的火龙果。

2.用手轻按，不发软者为佳。

火龙果
柠檬汁

原料： 火龙果半个，鲜柠檬片3片。

1 火龙果去皮，切小块。

2 部分火龙果块、鲜柠檬片放入榨汁机中，加入适量水一同榨汁后倒入容器中，放入剩下的火龙果块即可。

柠檬酸度高，此汁不宜空腹饮用。

？ 柠檬太酸，可以加白糖吗？

不宜，可用红心火龙果中和口感。

鸡肉富含蛋白质，可为身体提供能量。

火龙果酸奶

原料： 火龙果半个，脱脂酸奶适量。

1 火龙果去皮取肉，切块。

2 将火龙果块、脱脂酸奶一同放入榨汁机中榨汁即可。

喜辣者可用尖椒代替青椒。

此汁可润肠通便，适合肥胖伴有便秘者。

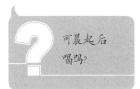
可晨起后喝吗？

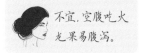
不宜，空腹吃火龙果易腹泻。

火龙果炒鸡丁

原料： 火龙果半个，鸡肉、青椒、红椒各50克，酱油、盐各适量。

1 鸡肉洗净，切丁。青椒、红椒分别去蒂，洗净，去子，切丁。火龙果去皮取肉，切丁。

2 油锅烧至7成热，下鸡丁滑炒至变色后捞出。锅底留油，放入青椒丁、红椒丁炒至熟透，加入鸡丁、盐、酱油翻炒片刻，最后加入火龙果丁炒匀即可。

山楂(干)

—— 含有解脂酶

味酸、甘，归脾经、胃经、肝经

适量吃山楂有
助于血管健康。

　　山楂中的解脂酶能促进胃液分泌，促进食物消化，特别是消肉食积滞的作用较好。此外，山楂中含三萜类等成分，不仅有助于降脂，还能调节血脂及胆固醇的含量。

山楂(干)营养信息

每100克含：
能量（千焦）1051
脂肪（克）2.2
碳水化合物（克）78.4
蛋白质（克）4.3

瘦身食用方式

不宜生食、空腹食，
熟吃为宜。

挑选技巧

1. 切片薄而大者质量好。
2. 皮色红艳，肉色嫩黄者品质佳。
3. 酸味浓而纯正，肉质柔糯的品质好。

山楂
荷叶茶

原料： 干山楂片15克，干荷叶2克。

1 干山楂片、干荷叶洗净。

2 锅中加适量水，放入干山楂片、干荷叶大火煮沸，再转小火煮5分钟左右即可。

尤其适合肥胖
兼高脂血症者。

荷叶有益于瘦
身吗？

可利水消肿，
尤其适于水肿
型肥胖。

山楂 蛋羹

原料： 鸡蛋1个，干山楂片适量。

1 干山楂片洗净。

2 鸡蛋磕入碗中，加适量温水，打成蛋液，放入干山楂片，隔水蒸10分钟左右即可。

此蛋羹含山楂，不宜作早餐空腹食用。

鸡蛋怎么蒸才嫩？

可在蛋液里加适量水。

乌梅、山楂均味酸，皆具有健胃消食的功效。

乌梅是低胆固醇、低钠、低钾和脂肪酸食物。

山楂 乌梅饮

原料： 干山楂片3片，乌梅10克。

1 干山楂片、乌梅洗净。

2 锅中加适量水，放入乌梅、干山楂片大火煮沸，再转小火熬制30~40分钟即可。

柠檬
—— 调节全身代谢力

清肠解油腻

柠檬有助于促进新陈代谢。

柠檬中含有柠檬酸，可溶解人体内多余的脂肪，清除身体各器官的废物和毒素，促进新陈代谢，调节全身代谢力。同时柠檬酸还有养颜美肤之功效，有助于缓解色素在皮肤内沉着，令肌肤白净有光泽。

柠檬营养信息

每 100 克含：
能量（千焦）156
脂肪（克）1.2
碳水化合物（克）6.2
蛋白质（克）1.1

瘦身食用方式

在食欲过旺时食用，有助于抑制食欲。

挑选技巧

1. 果皮光滑，无裂痕、虫眼。
2. 优质柠檬多为金黄色，颜色均匀且有光泽。
3. 柠檬两端的果蒂部分是绿色的，多说明较新鲜。

柠檬 金橘汁

原料： 小金橘 5 颗，鲜柠檬片 3 片。

1 小金橘洗净，对半切开，去子。

2 小金橘、鲜柠檬片放入榨汁机中，加适量水一同榨汁即可。

不宜空腹饮用，特别是胃酸过多的人。

如何降低酸味？

可加脱脂酸奶或脱脂牛奶。

柠檬大麦茶

原料： 柠檬半个，大麦 10 克。

1 大麦洗净。锅中加适量水，放入大麦煮 10 分钟左右。

2 用压榨器用力挤压柠檬，将压出的柠檬汁滴入大麦茶中即可。

大麦茶可改善食积不化导致的肥胖。

? 大麦有什么瘦身功效？

有助于去油腻，降血脂。

莲藕有助减脂，是理想的瘦身食材。

柠檬皮可先用盐水浸泡，有助于去除农药残留。

凉调柠檬莲藕

原料： 鲜柠檬片 3 片，莲藕 200 克。

1 莲藕去皮，洗净，切薄片，放入沸水中焯熟。

2 鲜柠檬片去皮，放入榨汁机中榨汁。柠檬皮洗净，切丝。

3 将柠檬汁淋在莲藕片上，撒上柠檬皮丝做点缀即可。

猕猴桃
——快速分解脂肪

性寒，味甘、酸，入肾经、胃经

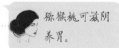

猕猴桃可滋阴养胃。

　　猕猴桃是减肥的佳品之一，常食猕猴桃可以帮助人体快速分解脂肪，减少脂肪在体内聚积，加快体内新陈代谢速度。

猕猴桃营养信息

每100克含：
能量（千焦）257
脂肪（克）0.6
碳水化合物（克）14.5
蛋白质（克）0.8

瘦身食用方式

生食、榨汁为宜。可在午、晚餐前食用，有助于减少主食摄入量。

挑选技巧

1.果皮呈黄褐色，颜色均匀。
2.果毛细而不易脱落者为佳。
3.用手轻捏猕猴桃两端，既有轻微变形，但也并非软烂为佳。

猕猴桃酸奶

原料：猕猴桃2个，脱脂酸奶适量。

1 猕猴桃去皮，洗净，切小块。

2 猕猴桃块、脱脂酸奶一同放入榨汁机中榨汁即可。

酸奶、猕猴桃均有润肠作用，腹泻期不宜食用。

瘦身期可以每天一杯吗？

猕猴桃性寒，体寒、胃寒者不宜常食。

脾胃虚寒者不宜饮用。

瘦身期间适宜喝无糖豆浆。

猕猴桃草莓沙拉

原料：猕猴桃、苹果各1个，草莓适量。

1 草莓去蒂，洗净，放入榨汁机内榨汁。猕猴桃去皮，洗净，切块。苹果洗净，切块。

2 将猕猴桃块、苹果块装入容器中，倒入草莓汁，拌匀即可。

可代替夜宵，减轻过晚就餐对肠胃造成的负担。

? 可作沙拉代午餐食用吗?

不适宜，可作为加餐。

猕猴桃绿豆浆

原料：猕猴桃1个，绿豆20克。

1 绿豆洗净，浸泡4~5个小时。猕猴桃去皮，洗净，切小块。

2 将绿豆、猕猴桃块放入豆浆机中，加入适量水一同打豆浆即可。

橙子
—— 多纤维、低热量

性微凉，味甘、酸，入肺经

橙子可预防胃肠胀满。

橙子富含多种有机酸、维生素，可调节人体新陈代谢，而且橙子是多纤维且热量低的水果，含有天然糖分，酸甜不腻，是代替糖果、蛋糕、饼干等高糖、高热量甜品的佳品，嗜甜的瘦身者不妨吃橙子来满足对甜食的欲望。

橙子营养信息

每100克含：
能量（千焦）202
脂肪（克）0.2
碳水化合物（克）11.1
蛋白质（克）0.8

瘦身食用方式

不宜空腹食用，可作加餐水果或作调味料入菜肴。

挑选技巧

1.果皮为黄红色的，成熟度高。
2.选择橙脐较小的。
3.整体呈椭圆形者为佳。

橙子柠檬汁

原料： 橙子1个，鲜柠檬片2片。

1 橙子去皮，切小块，放入榨汁机中榨汁。

2 将鲜柠檬片放入橙子汁中即可。

此汁既可消食降脂，还可补充维生素。

适宜在什么时候喝？

加餐时段，有助于抑制元性食欲。

橙子 圆白菜沙拉

原料： 橙子2个，柠檬半个，圆白菜100克，盐、橄榄油各适量。

1 剥去圆白菜外层叶子，冲洗干净，撕小片。锅中加水烧开，放入圆白菜片焯烫。

2 橙子去皮，取果肉，切小块。取部分橙子块榨汁；用力挤压柠檬，挤出汁水；将柠檬汁与橙汁混合，加入盐、橄榄油搅匀成调味汁。将圆白菜片、剩下的橙子块放入容器中，倒入调味汁拌匀即可。

圆白菜片撕大些，可增加咀嚼次数。

圆白菜适宜瘦身食用吗？

圆白菜水分含量高，热量低，适宜食用。

患有皮肤病的肥胖者应少食。

芒果皮易引起过敏，最好去皮再食用。

芒果 橙汁

原料： 芒果1个，橙子2个，苹果半个。

1 橙子去皮，取果肉，切小块。苹果洗净，切小块。芒果去皮，去核，切小块。

2 橙子块、苹果块、芒果块放入榨汁机，加适量水一同榨汁即可。

梨
—— 清肠通便

钾、水分和纤维含量较高

梨还可润肺化燥。

梨不仅清脆多汁，味道甜酸可口，还具有润肠通便、清洁肠道的功效。梨中含有木质素、果胶，能在肠道中与胆固醇和脂肪结合而排出，从而有助于降脂瘦身。

梨营养信息

每100克含：
能量（千焦）211
脂肪（克）0.2
碳水化合物（克）13.3
蛋白质（克）0.4

瘦身食用方式

可在饭前食用，增加饱腹感。

挑选技巧

1.果柄为绿色，说明较新鲜；若为褐色，则说明放置时间过长。
2.无虫眼、无伤痕。
3.用手轻按，不发软者为佳。

白莲藕梨汁

原料： 梨半个，莲藕50克。

1 梨洗净，去核，切小块。莲藕去皮，洗净，切片。

2 将梨块、莲藕片放入榨汁机中，加适量水一同榨汁即可。

此汁可助消化、润肺清心。

如何挑选莲藕？

喜面莲藕选粗圆的，喜脆莲藕选纤细的。

带果皮熬汤可获取更多的维生素。

菠萝梨汁

原料： 菠萝 50 克，梨 1 个。

1 梨洗净，去核，切小块。菠萝去皮、去内刺，洗净，切小块，用盐水浸泡。

2 将梨块、菠萝块放入榨汁机中，加适量水一同榨汁即可。

菠萝可缓解因钠摄入过多导致的水肿。

如何挑选菠萝？

用手按压菠萝果身，有明显的充实感。

饭后 1 小时喝碗梨汤，可促进胃肠蠕动。

梨汤

原料： 梨 2 个。

1 梨洗净，去核，切块。

2 锅中加适量水，放入梨块大火烧开，再转小火熬煮至梨软烂即可。

草莓
—— 有助于分解脂肪

缓解餐后腹胀

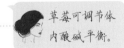

草莓可调节体内酸碱平衡。

草莓中含有丰富的有机酸、果酸和果胶，有助于分解食物中的脂肪，帮助消化，还有促进肠胃蠕动的作用，有益于排出体内多余的胆固醇和毒素。

草莓营养信息

每 100 克含：
能量（千焦）134
脂肪（克）0.2
碳水化合物（克）7.1
蛋白质（克）1.0

瘦身食用方式

生食、榨汁，或制成草莓酱与谷物搭配食用。

挑选技巧

1. 草莓表面光亮、无损伤腐烂者为佳。
2. 草莓蒂叶片鲜绿、有细小绒毛者较好。
3. 闻起来有清淡的果香味。

草莓 绿茶

原料： 草莓 50 克，绿茶 2 克。

1 绿茶冲净。草莓去蒂，洗净，放入榨汁机中榨汁。

2 将草莓汁、绿茶一同放入杯中，倒入适量沸水，搅匀，盖盖儿闷 15 分钟左右即可。

尤其适于腰腹部肥胖的人。

? 体寒可以喝绿茶吗？

可用红茶代替。红茶性偏温，亦可促进脂肪分解。

草莓酸奶沙拉

原料： 草莓 100 克，苹果 1 个，脱脂酸奶适量。

1 草莓去蒂，洗净，切丁。苹果洗净，切丁。

2 将草莓丁、苹果丁放入容器中，倒入脱脂酸奶拌匀即可。

饭后 1 小时吃草莓，有助于消化。

瘦身期间宜喝无糖豆浆。

苹果、草莓都富含果胶，有助于清洁肠胃。

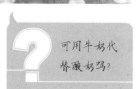

可用牛奶代替酸奶吗？

可用脱脂牛奶。

草莓豆浆

原料： 草莓 100 克，黄豆 20 克。

1 黄豆洗净，浸泡 4~5 个小时。草莓去蒂，洗净。

2 将黄豆、草莓放入豆浆机中，加入适量水一同打成豆浆即可。

西瓜
—— 利尿消脂

助消化、消水肿

西瓜可清热凉血。

西瓜含有大量水分，可有效补充人体所需的水分。同时，西瓜利尿，可以通过小便将体内多余的热量排出去，从而达到瘦身的目的。

西瓜营养信息

每 100 克含：
能量（千焦）108
脂肪（克）0.1
碳水化合物（克）5.8
蛋白质（克）0.6

瘦身食用方式

生食、榨汁为佳。
西瓜皮也可食用。

挑选技巧

1.成熟的西瓜纹路清晰，深淡分明。
2.西瓜的瓜脐越小则西瓜发育得越好。
3.用手轻拍西瓜，声音清脆的更佳。

西瓜
荷叶饮

原料： 西瓜皮 50 克，干荷叶 2 克。

1 西瓜皮去外层翠衣，洗净，切片。干荷叶轻轻冲洗干净。

2 锅中加适量水，放入干荷叶、西瓜皮片大火烧开，再转小火煮 5 分钟，关火闷 2 分钟即可。

此饮品有解油腻、抑制食欲的作用。

西瓜皮可以怎么吃？

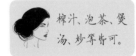
榨汁、泡茶、煲汤、炒等皆可。

西瓜梨汁

原料： 西瓜果肉 300 克，梨半个。

1 西瓜果肉去子，切小块，放入榨汁机中榨汁。

2 梨洗净，去核，切片。将梨片放入西瓜汁中即可。

可代替白糖、咸菜搭配粥食用。

西瓜皮有助于促进人体新陈代谢。

可饭后 1~2 小时饮用，有助于消化。

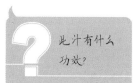

? 此汁有什么功效?

有抑脂利尿、排毒等功效。

凉拌西瓜皮

原料： 西瓜皮 150 克，红椒 50 克，盐、生抽、醋各适量。

1 红椒去蒂，洗净，去子，切丁。西瓜皮去外层翠衣，洗净，加盐腌制 3~4 小时，滤掉腌出的汤汁。

2 腌软的西瓜皮切丁，用手反复揉搓将其水分挤出，冲洗，沥干水分。

3 盐、生抽、醋混合成调味汁，淋在西瓜皮丁上，撒上红椒丁拌匀即可。

木瓜
—— 分解肉类蛋白质

可将脂肪分解为脂肪酸

木瓜可降低血液黏稠度。

　　木瓜的乳状汁液中含有木瓜酶，可以帮助人体分解肉类蛋白质，促进人体对食物的消化和吸收。因此饭后1小时食用木瓜，可以促进肠道蠕动，帮助消化，有助于瘦身。

木瓜营养信息

每100克含：
能量（千焦）121
脂肪（克）0.1
碳水化合物（克）7.0
蛋白质（克）0.4

瘦身食用方式

生食、榨汁皆可。木瓜味涩，但瘦身期不宜加糖，可水煮或搭配脱脂酸奶、其他水果食用。

挑选技巧

1.观察瓜蒂，新鲜的木瓜瓜蒂可流出乳白色汁液。
2.生吃、榨汁选颜色微微发黄，摸起来软硬适中的。若用来煲汤，则以未完全成熟的青皮木瓜为好。

木瓜
芒果汁

原料：木瓜半个，芒果2个。

1 木瓜去皮，洗净，去瓤、子，切块。芒果去皮，去核，切小块。

2 木瓜块、芒果块放入榨汁机中，加适量水一同榨汁即可。

木瓜有助于减少脂肪在体内囤积。

想做沙拉可以吗？

可以，加入脱脂酸奶即可。

脱脂酸奶有助于调节体内
菌群平衡，促进胃肠蠕动。

木瓜炖奶

原料： 木瓜1个，脱脂牛奶适量。

1 木瓜去皮，洗净，去瓤、子，切块。

2 将脱脂牛奶、木瓜块放入容器中，入锅中蒸5分钟即可。

减肥期肠胃功能易
紊乱者，喝此饮品有
预防调理作用。

？ 可以用上述原
料榨汁吗？

可以，饮之有
助于排出体内
毒素，预防便秘。

也可以用去瓤
的半个木瓜为容
器，直接将脱脂酸奶倒
入其中。

木瓜酸奶

原料： 木瓜半个，脱脂酸奶适量。

1 木瓜去皮，洗净，去瓤、子，切块。

2 将木瓜块、脱脂酸奶一同放入榨汁机中榨汁即可。

牛肉
——低脂、低胆固醇

提高人体免疫力

牛肉除了含较多的蛋白质，维生素、矿物质含量也较理想，而且其脂肪和胆固醇含量不高。相比其他部位的牛肉，牛里脊肉、牛腿肉的脂肪含量更低，维生素和矿物质含量更高，更适宜有瘦身需求的人食用。

牛肉营养信息

每100克含：
能量（千焦）523
脂肪（克）4.2
碳水化合物（克）2.0
蛋白质（克）19.9

瘦身食用方式

不宜熏、油炸。应用烤箱无油烤或煮、炒。

挑选技巧

1. 肉呈红色，有光泽。
2. 弹性好，指压后凹陷恢复较快。
3. 新鲜肉表面微干或微湿润，不粘手。

番茄 牛肉汤

原料： 番茄、苹果各1个，牛肉200克，盐、植物油各适量。

1 苹果洗净，切块。番茄洗净，切片。牛肉洗净，切块，用沸水汆至断生。

2 油锅烧热，放入番茄煸炒，加适量水熬煮至番茄软烂出汤汁，放入苹果块、牛肉块煮15分钟，加盐调味即可。

苹果可中和番茄的酸味。

有省时的做法吗？

可先汆熟牛肉块，再与番茄同炒。

在进食主食前食用，能增加饱腹感，减少主食摄入量。

优选牛后腿肉，炒前去肥肉。

丝瓜炒牛肉

原料： 牛肉 100 克，丝瓜 70 克，盐、料酒、蛋清、植物油各适量。

1 牛肉洗净，切片，加盐、料酒、蛋清腌制 15 分钟左右。丝瓜洗净，去皮，切片。

2 油锅烧热，放入牛肉片炒至变色，放入丝瓜片翻炒，加盐调味即可。

宜用清淡的烹调方式，鲜嫩爽口。

？ 如何挑选丝瓜？

选外形匀称的，不要选瓜身局部肿大的。

牛肉炒菠菜

原料： 牛肉 50 克，菠菜 100 克，盐、料酒、蛋清、植物油各适量。

1 菠菜洗净，切段，焯至断生。

2 牛肉洗净，切片，加盐、料酒、蛋清腌制 15 分钟左右。

3 油锅烧热，放入牛肉片炒至变色，放入菠菜段继续翻炒，最后加盐调味即可。

鸡肉
—— 高蛋白、低脂肪

补充人体所需营养

鸡肉可温中补气。

鸡肉含氨基酸、磷、铜以及钾元素，有助于维持体液酸碱度平衡，并促进体内钠元素排出。此外，鸡肉是典型的高蛋白、低脂肪食物，而且其蛋白质消化率较高，容易被人体吸收利用，这对有减肥需求的人来说是非常有益的。

鸡肉营养信息

每100克含：
能量（千焦）699
脂肪（克）9.4
碳水化合物（克）1.3
蛋白质（克）19.3

瘦身食用方式

鸡肉的脂肪大多存在于鸡皮中，烹制时最好去掉鸡皮。

挑选技巧

1.相比肉质发红、发黑的鸡肉，颜色发白的鸡肉更佳。
2.鸡肉表皮微干，不发黏。

鸡肉扒小油菜

原料： 油菜100克，鸡肉50克，盐、料酒、蛋清、植物油各适量。

1 油菜洗净，焯至断生。鸡肉洗净，切条，加盐、料酒、蛋清腌制15分钟左右。

2 油锅烧热，放入鸡肉条炒至变色，放入油菜翻炒，加盐调味即可。

油菜低热量、低饱和脂肪酸，适宜减肥期食用。

? 鸡肉的哪个部位适宜食用？

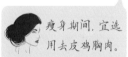
瘦身期间，宜选用去皮鸡胸肉。

鲍鱼碳水化合物及脂肪含量均不高，且热量较低。

杂蔬 鸡肉丁

原料： 鸡肉100克，黄瓜1根，红椒、盐、植物油、酱油各适量。

1 鸡肉洗净，切丁。黄瓜洗净，切丁。红椒去蒂，洗净，去子，切丁。

2 油锅烧热，放入鸡肉丁炒至变色，放入黄瓜丁、红椒丁翻炒，加盐、酱油调味即可。

黄瓜可加速脂肪的消耗。

也可用熟冻鲍鱼，更方便快捷。

可以自行替换蔬菜种类吗？

当然可以，但不宜使用定粉类根茎蔬菜。

鲍鱼炒 鸡片

原料： 鸡肉100克，黄瓜、胡萝卜各1根，鲍鱼3个，盐、料酒、蛋清、植物油、酱油各适量。

1 鲍鱼清洗干净，取肉。黄瓜、胡萝卜分别洗净，切菱形块。

2 鸡肉洗净，切片，加盐、料酒、蛋清腌制15分钟左右。

3 油锅烧热，放入鸡肉片炒至变色，放入胡萝卜片、黄瓜片、鲍鱼翻炒，加盐调味即可。

海虾
—— 控制热量

每100克海虾中含钙146毫克

海虾属于低脂肪、低热量食物，且含有钙、钾、碘、蛋白质等，营养丰富。对于有瘦身需求的人来说，海虾不仅是控制热量的好食物，也是预防因瘦身导致身体虚弱的补益食物。

虾有利于美体瘦身。

海虾营养信息

每100克含：
能量（千焦）331
脂肪（克）0.6
碳水化合物（克）1.5
蛋白质（克）16.8

瘦身食用方式

剔除虾线、虾肠；
不宜吃胆固醇含量高的虾头、卵黄。

挑选技巧

1. 虾身透亮，颜色青白或青绿。
2. 头与躯体紧密连接，须足无损，肉质硬实有韧性。

五彩 海虾

原料：海虾100克，红椒、青椒、白萝卜各50克，胡萝卜1根，盐、酱油、醋、植物油各适量。

1 海虾去肠、去虾线、去头，洗净。白萝卜、胡萝卜洗净，切条。红椒、青椒去蒂，洗净，去子，切条。

2 油锅烧热，放入海虾炒至变色，加入红椒条、青椒条、白萝卜条、胡萝卜条，加入盐、酱油、醋炒匀即可。

虾需熟透吃，否则易感染肺吸虫病等。

? *可以用其他品种的虾吗？*

可以，如基围虾、对虾等。

海虾嘌呤含量高，肥胖伴有痛风者不宜多食。

清蒸 海虾

原料： 海虾 200 克，姜 10 克，盐、料酒各适量。

1 海虾去肠、去虾线，洗净。姜洗净，切丝。

2 将海虾放入容器中，均匀地撒上姜丝、盐，倒入料酒，隔水蒸 5 分钟左右即可。

也可用烤箱烤制。

姜可温经散寒。

蒜香 海虾

原料： 海虾 150 克，红椒、青椒各 50 克，蒜 5 瓣，姜丝、盐、料酒各适量。

1 海虾去肠、去虾线，洗净。蒜去皮，切末。红椒、青椒分别去蒂洗净，去子，切块。

2 油锅烧热，放入蒜末煸炒至变色，盛出。

3 将海虾放入容器中，加入红椒块、青椒块，倒入料酒、盐、蒜末、姜丝，隔水蒸 5 分钟左右即可。

一定要放姜吗？

建议放，姜可降低水产类食物的腥味。

三文鱼
—— 代谢多余脂肪

富含不饱和脂肪酸

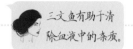

三文鱼有助于清除血液中的杂质。

　　三文鱼鳞小刺少，肉质细嫩鲜美，既可烹制菜肴，又可直接生食，是深受人们喜爱的鱼类之一。三文鱼营养丰富，富含不饱和脂肪酸、矿物质，有促进甘油三酯等多余脂肪代谢的作用，也可为减肥者补充营养。

瘦身食用方式

新鲜三文鱼可生食；解冻的三文鱼不宜生食，可无油煎等。

挑选技巧

1. 新鲜三文鱼颜色鲜亮发红，带有清晰的白色纹路。
2. 表皮为银色，鱼腹厚实。
3. 新鲜三文鱼手感紧实，有弹性，用手指按压后能迅速回弹。

三文鱼 蒸蛋

原料：鸡蛋1个，三文鱼70克，葱花适量。

1 三文鱼冲净，切碎。

2 鸡蛋磕入碗中，加适量温水，打成蛋液，放入三文鱼碎，隔水蒸10分钟左右，撒上葱花即可。

熟后可滴少许生抽调味。

？ 可以滴香油吗？

可以。但应少量。

三文鱼是易熟食物，注意烤制时间不要过长。

柠香 三文鱼

原料： 三文鱼100克，柠檬半个，蒜末、盐各适量。

1 三文鱼冲净，沥干，放入容器中，撒盐、蒜末，烤箱预热，烤箱盘上铺一层锡纸，将三文鱼放入烤箱内烤熟。

2 用压榨器用力挤压出柠檬的汁水，淋在三文鱼块上即可。

柠檬能使肉质更加细嫩。

注意不可用番茄酱代替新鲜番茄。

烤之前不用刷油吗？

可不刷。三文鱼在烤的过程中会释放许多油脂。

番茄 三文鱼

原料： 番茄1个，三文鱼100克，盐、植物油各适量。

1 番茄洗净，切块。三文鱼冲净，切小块。

2 烤箱预热，烤箱盘上铺一层锡纸，放上三文鱼块，放入烤箱内烤熟。

3 油锅烧热，放入番茄煸炒至呈泥状出汤汁，加盐炒匀，盛出。

4 将三文鱼块放入容器中，倒入番茄泥，拌匀即可。

金枪鱼
—— 燃烧人体脂肪

低脂肪、低热量

金枪鱼可提供人体所需的营养。

金枪鱼是高蛋白、低胆固醇食物，食用金枪鱼不仅能够减少脂肪堆积，有助于保持苗条的身材，还可以提供人体所需的营养，是健康瘦身的理想选择之一。

瘦身食用方式

若新鲜金枪鱼难以购买，可选水浸金枪鱼罐头。

挑选技巧

1. 新鲜金枪鱼呈暗红色或褐色，且颜色天然不均匀，背部较深，腹部较浅。

2. 新鲜的金枪鱼切面有光泽。

3. 肉质结实不松散，手指轻压后鱼肉凹陷会慢慢恢复。

金枪鱼沙拉

原料： 芦笋、生菜、小番茄各50克，水浸金枪鱼罐头100克，脱脂酸奶适量。

1 生菜洗净，撕片。芦笋洗净，切段，焯熟。小番茄洗净，对半切开。

2 生菜铺在容器底部，加入金枪鱼块、芦笋段、小番茄，倒入脱脂酸奶拌匀即可。

生菜富含维生素和水分，且热量低，是瘦身期的理想食材。

？ 一定要用水浸的罐头吗？

水浸金枪鱼罐头、新鲜金枪鱼皆可，油浸金枪鱼罐头不宜选用。

金枪鱼 荸荠丁

原料： 芹菜、荸荠各 50 克，胡萝卜 1 根，水浸金枪鱼罐头 100 克，植物油适量。

1 胡萝卜、芹菜分别洗净，切丁。荸荠去皮，冲净，切丁。

2 油锅烧热，放入芹菜丁、胡萝卜丁、荸荠丁翻炒，再放入金枪鱼块翻炒片刻即可。

食用洋葱要适量，以免胀气，加重肠胃负担。

洋葱为低热量食物。

此菜有助于排毒减肥、降低血脂。

？ 荸荠有什么功效？

荸荠可促进人体内的糖、脂肪、蛋白质代谢。

洋葱拌 金枪鱼

原料： 洋葱 100 克，水浸金枪鱼罐头 50 克，红椒、熟白芝麻、葱花、生抽、醋各适量。

1 洋葱去掉外皮，洗净，切丝。红椒去蒂，洗净，去子，切丝。

2 将金枪鱼块、洋葱丝放入容器中，倒入生抽、醋拌匀，撒上熟白芝麻、葱花、红椒丝即可。

鲤鱼
—— 调整人体代谢

含有丰富的卵磷脂，有助于增强记忆力

鲤鱼有助于改善肌肉疲劳状况。

　　鲤鱼的蛋白质不但含量高，而且质量佳，不仅消化吸收率很高，还能提供人体必需的氨基酸、矿物质等。鲤鱼的脂肪大部分是由不饱和脂肪酸组成，其脂肪呈液态，这种不饱和脂肪酸具有降低胆固醇的作用。

鲤鱼营养信息

每 100 克含：

能量（千焦）456
脂肪（克）4.1
碳水化合物（克）0.5
蛋白质（克）17.6

瘦身食用方式

熬汤、清蒸、烤箱无油烤制为佳。

挑选技巧

1. 眼略凸，眼球黑白分明，眼面发亮。
2. 鳃片鲜红带血，紧贴鱼身；鳃盖紧闭。

鲤鱼 冬瓜汤

原料： 鲤鱼半条，冬瓜 100 克，葱段、姜片、盐、料酒、植物油各适量。

1 冬瓜去皮，洗净，去瓤，切片。鲤鱼处理干净。

2 油锅烧热，下鲤鱼煎至金黄色，加入冬瓜片、料酒、盐、葱段、姜片、适量水煮至鱼熟瓜烂，捞出葱段、姜片即可。

此汤有补脾益胃、利水消肿的作用。

? 不煎鱼可以吗？

不建议。先煎再煮可更好地去除鱼腥味。

鲤鱼青菜汤

原料： 鲤鱼半条，冬瓜、青菜各 100 克，葱末、盐、料酒、植物油各适量。

1 冬瓜去皮，洗净，去瓤，切片。青菜择洗干净。鲤鱼处理干净。

2 油锅烧热，下鲤鱼煎至金黄色，加水、料酒、盐、葱末、冬瓜片、青菜，煮至鱼熟即可。

鲤鱼、木耳同时食用可利水润肠。

此汤热量低，肥胖兼三高患者皆宜食用。

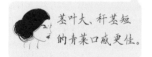

？ 如何挑选青菜？

茎叶大、秆茎短的青菜口感更佳。

蒸鲤鱼

原料： 鲤鱼 1 条，木耳（干）3 克，盐、料酒、葱、姜各适量。

1 鲤鱼处理干净，在鱼身上划几刀，两面撒盐、浇料酒，用手抹开，腌制 15 分钟。木耳用水泡发，洗净，撕小朵。葱洗净，切段。姜洗净，切片。

2 将葱段铺在盘子底部，放上鱼，在鱼身的切口内放部分姜片，另一部分姜片填在鱼肚子里，木耳撒在鱼身表面。

3 蒸锅里加水，放入鱼，加盖用大火蒸到冒热气后，转小火蒸熟即可。

牡蛎
——增加饱腹感

提高免疫力

> 牡蛎有助于减轻胰腺负担。

牡蛎属于海鲜中的一种，蛋白质含量高。人体摄入适量的蛋白质可以使血液聚集在胃部的时间更长，随之消化的时间也就更长一些，让人有长时间的饱腹感。

牡蛎营养信息

每 100 克含：

能量（千焦）305
脂肪（克）2.1
碳水化合物（克）8.2
蛋白质（克）5.3

瘦身食用方式

清蒸、烤箱无油烤制皆可。

挑选技巧

1.宜选贝壳的接缝处密合、紧密的。
2.拿起两个牡蛎对敲，若声音比较空洞，则说明壳里面的肉有可能已经脱水，不宜选购。

蒜香牡蛎

原料： 牡蛎 5 个，蒜、生抽、醋、粉丝各适量。

1 蒜去皮，切末。牡蛎处理干净。粉丝泡发，煮熟。

2 将蒜末、生抽、醋混合成调味汁，淋在牡蛎肉上。粉丝放入牡蛎壳内。

3 放入蒸锅，隔水蒸至牡蛎肉熟透即可。

亦可用烤箱烤制。

 不喜欢吃蒜，可以不放吗？

> 可以。但蒜末有助于去除海腥味。

可滴入柠檬汁，有助于去除腥味并解油腻。

原味牡蛎

原料： 牡蛎5个，生抽、醋各适量。

1 牡蛎处理干净。

2 烤箱预热，烤箱盘上铺一层锡纸，放上牡蛎，均匀地淋上生抽、醋，放入烤箱内烤熟即可。

可加燕麦粉做牡蛎蛋饼。

牡蛎体内有很多细菌，不宜生吃。

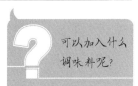

可以加入什么调味料呢？

植物香料、香辛料都可适量添加。

牡蛎煎蛋

原料： 牡蛎5个，鸡蛋2个，料酒、盐、植物油各适量。

1 取牡蛎肉洗净，放入碗中，加入料酒、盐腌制。

2 鸡蛋磕入碗中，加适量温水，打成蛋液。牡蛎肉切碎，放入蛋液中，再加盐搅匀。

3 油锅烧热，倒入鸡蛋液，小火慢煎至鸡蛋成型、牡蛎肉熟，盛出后切成三角形状即可。

鸡蛋
—— 维持脂类正常代谢

有助于健脑益智

鸡蛋还可促进血液循环。

　　鸡蛋中含有较多的维生素 B_2，具有分解脂肪、维持脂类正常代谢的作用。而鸡蛋中含有丰富的 DHA 和卵磷脂，不仅可以乳化分解胆固醇和中性脂肪，使之排出体外，还可促进血液循环。

鸡蛋营养信息

每100克含：
能量（千焦）602
脂肪（克）8.8
碳水化合物（克）2.8
蛋白质（克）13.3

瘦身食用方式

鸡蛋本身含较高的脂肪，水煮为佳。若煎蛋，则宜用不粘锅无油煎。

挑选技巧

1.挑选蛋壳坚固的。可以观察蛋壳上的沙点，沙点越少说明蛋壳越厚。
2. 拿起鸡蛋在耳边轻晃，没有明显的声音则较新鲜。
3.蛋壳光泽有白霜者更佳。

鸡蛋炒 菠菜

原料： 菠菜150克，鸡蛋2个，酱油、盐、植物油各适量。

1 菠菜洗净，焯熟后捞出切段。鸡蛋打散。

2 油锅烧热，鸡蛋液倒入锅中，凝固后铲碎，加入菠菜段，翻炒后加盐、酱油调味即可。

菠菜草酸含量较高，一次食用不宜过多。

? 可以做成蛋饼形式吗？

可以。将菠菜切末加入蛋液中即可。

鸡蛋 蔬菜沙拉

原料： 鸡蛋1个，生菜、小番茄各70克，脱脂酸奶适量。

1 锅中加水，放入鸡蛋煮熟，去壳，对半切开。生菜洗净，撕小片。小番茄洗净，对半切开。

2 将生菜片、小番茄、鸡蛋放入容器中，倒入脱脂酸奶拌匀即可。

用油量的多少影响热量高低，应尽量少油。

鸡蛋和温水的比例在1:2.5左右。

高胆固醇者可只吃蛋白不吃蛋黄。

鸡蛋 炒莴笋

原料： 莴笋200克，鸡蛋2个，盐、酱油、植物油各适量。

1 莴笋去皮，洗净，切片。鸡蛋磕入碗中，加适量温水，打成蛋液。

2 油锅烧热，倒入鸡蛋液凝固后搅散，放入莴笋片翻炒，加盐、酱油调味即可。

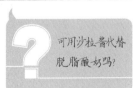

？可用沙拉酱代替脱脂酸奶吗？

需选择低热量、低脂肪的沙拉酱。

豆腐
—— 高蛋白、低脂肪

富含氨基酸，防止血管壁氧化

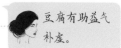
豆腐有助益气补虚。

豆腐是典型的高蛋白、低脂肪食物，其含有的蛋白能很好地降低血脂、保护血管细胞；豆腐中富含钙，不含胆固醇，素有"植物肉"的美称。

豆腐营养信息

每100克含：
能量（千焦）342
脂肪（克）3.7
碳水化合物（克）4.2
蛋白质（克）8.1

瘦身食用方式

可以用豆腐替代午餐、晚餐中的部分主食。

挑选技巧

1.豆腐本身略带黄色，如果色泽过白，有可能添加了漂白剂。
2.轻轻触碰，好的豆腐质地比较柔软，劣质的豆腐表面比较粗糙。

香椿拌 豆腐

原料： 香椿60克，豆腐100克，盐适量。

1 豆腐冲净，切片，用水焯烫，捞出，沥干水分。

2 香椿洗净，放入开水中焯烫，捞出，沥干水分，切末，撒在豆腐片上面，加入盐拌匀即可。

香椿富含膳食纤维。

? 如何烹调香椿？

瘦身期宜凉拌，禁油炸。

小葱拌豆腐

原料： 小葱50克，豆腐100克，盐适量。

1 豆腐冲净，切片，用沸水焯烫，捞出，沥干水分。

2 小葱洗净，切葱花，撒在豆腐片上面，加入盐拌匀即可。

小葱是热量较低的调味蔬菜。

可用豆腐代替主食吗？

偶尔可以，长期食用豆腐可能导致碘缺乏，还会引起蛋白质消化不良，出现腹胀腹泻等情况。

草菇能减慢人体对碳水化合物的吸收，香菇则有降压降脂的功效。

冬笋是一种高蛋白食物。

双菇豆腐

原料： 豆腐300克，香菇、草菇各80克，冬笋、青椒各50克，盐、料酒、葱丝、姜丝、植物油各适量。

1 香菇、草菇、冬笋分别洗净，切片。青椒洗净，切丝。

2 将豆腐洗净切块，用沸水焯烫，捞出，沥干水分。

3 油锅烧热，下葱丝、姜丝煸香，依次加入香菇片、冬笋片、草菇片翻炒，烹入料酒，放入豆腐块、青椒丝翻炒，加盐调味即可。

豆浆
—— 抑制脂质和糖类吸收

被誉为"心血管保健液"

豆浆中含有丰富的大豆皂苷、异黄酮、大豆低聚糖等，常饮豆浆有助于全面调节内分泌系统，优化血液循环。豆浆还富含人体所需的优质植物蛋白、多种维生素及钙、铁、磷、锌、硒等微量元素，且不含胆固醇，热量很低，适宜减肥期间食用。

> 豆浆不可代替牛奶。

豆浆营养信息

每100克含：
能量（千焦）66
脂肪（克）0.7
碳水化合物（克）1.1
蛋白质（克）1.8

瘦身食用方式

以自制无糖豆浆为佳。

挑选技巧

鲜豆浆有豆香并略带豆腥味，而用豆浆精勾兑出的豆浆则豆味很淡，有的甚至还能尝出奶香味。

南瓜 豆浆

原料：黄豆20克，南瓜40克。

1 黄豆用水浸泡4~5小时，捞出洗净。南瓜去皮，冲净，去瓤，切小块。

2 将黄豆、南瓜块放入豆浆机中，加适量水一同打豆浆即可。

> 南瓜自身有甜味，无需加糖也很美味。

> ？ 可在就餐时饮用吗？

> 宜在早餐中或晚餐前饮用。

胡萝卜豆浆

原料： 黄豆 20 克，胡萝卜半根。

1 黄豆用清水浸泡 4~5 小时，捞出洗净。胡
萝卜洗净，切小块。

2 把黄豆、胡萝卜块放入豆浆机中，加入适
量水一同打豆浆即可。

易吸收，还可增
强免疫力。

可作为早餐，也
可作为两餐之
间的加餐。

燕麦苹果豆浆

原料： 黄豆 20 克，燕麦 30 克，苹果 1 个。

1 将黄豆用水浸泡 4~5 小时，捞出洗净。苹果
洗净，去核，切块。

2 将黄豆、燕麦、苹果块放入豆浆机中，加入
适量水一同打豆浆即可。

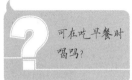

可在吃早餐时
喝吗？

可以，不仅可
以提供丰富的
营养物质，还有助于
健脾和胃。

脱脂牛奶
—— 补充流失的钙

每100克脱脂牛奶中含钙104毫克

脱脂牛奶有保护心脏的作用。

脱脂牛奶和牛奶一样，可使肠道内的乳酸菌等有益细菌增加，有助于清除体内垃圾。脱脂牛奶中含有乳糖，可排出体内的有害物质，使肠内的乳酸菌增殖，促消化。牛奶中还含有丰富的钙，促进机体产生更多能分解脂肪的酶。

脱脂牛奶营养信息

每100克含：
能量（千焦）226
脂肪（克）3.2
碳水化合物（克）3.4
蛋白质（克）3.0

瘦身食用方式

可搭配早餐或代替夜宵饮用。

挑选技巧

1.滑爽，质感不黏稠。
2.无细小颗粒、细小团块。

薏米牛奶粥

原料: 大米50克,薏米30克,脱脂牛奶适量。

1 薏米用清水泡4~5小时。大米洗净。

2 锅中加水，加入薏米、大米，大火烧开再转小火，煮至薏米开花，汤微变白。加入脱脂牛奶微煮即可。

薏米性微寒，月经期女性不宜食用。

可以加白糖或配成菜吗?

减肥期间不宜，可加水果丁,丰富口感。

牛奶橘汁

原料： 橘子 2 个，脱脂牛奶适量。

1 橘子去皮，掰瓣。

2 橘子瓣、脱脂牛奶一同放入榨汁机中榨汁即可。

富含膳食纤维和维生素，有助于排毒清肠，改善肤色。

也可将原料一同榨汁饮用。

亦可将脱脂牛奶煮开，放入橘子瓣。

能加入蔬菜吗？

避免加入含草酸较多的蔬菜，以免影响钙的吸收。

牛奶水果丁

原料： 苹果、梨各半个，猕猴桃 1 个，脱脂牛奶适量。

1 苹果、梨分别洗净，切丁。猕猴桃去皮，冲净，切丁。

2 将苹果丁、梨丁、猕猴桃丁放入脱脂牛奶中即可。

脱脂酸奶
—— 清除体内毒素

调节人体肠胃功能

脱脂酸奶中含有大量活性乳酸菌，能够有效调节体内菌群平衡，促进肠道蠕动，从而有助于清除体内毒素，达到一定的清肠瘦身作用。对于有瘦身需求的人来说，可选择脱脂或低脂酸奶。

脱脂酸奶可抑制有害菌入侵肠道。

脱脂酸奶营养信息

每100克含：
能量（千焦）238
脂肪（克）0.4
碳水化合物（克）10.0
蛋白质（克）3.3

瘦身食用方式

可与其他蔬果混合食用。

挑选技巧

1. 挑选纯脱脂酸奶，而非脱脂酸奶饮料。
2. 相比可常温保存的脱脂酸奶，需冷藏的更好。
3. 不宜选添加糖、香精等成分的风味脱脂酸奶。

酸奶 全麦吐司

原料： 猕猴桃、番茄各1个，哈密瓜、全麦面包各50克，脱脂酸奶适量。

1 猕猴桃去皮，切丁。哈密瓜去皮，切丁。番茄洗净，切丁。全麦面包切丁。

2 将猕猴桃丁、哈密瓜丁、番茄丁、全麦面包丁放入容器中，倒入脱脂酸奶搅匀即可。

猕猴桃性寒，不宜作早餐，可作晚餐食用。

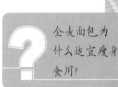

全麦面包为什么适宜瘦身食用？

全麦面包富含纤维素，可使体内部分热量随排泄物排出，减少身体吸收热量。

酸奶不宜直接加热、蒸煮，以免其营养价值降低。

酸奶 水果捞

原料： 苹果、梨各半个，李子100克，脱脂酸奶适量。

1 苹果、梨分别洗净，切小块。李子洗净，去核，切块。

2 将苹果块、梨块、李子块放入脱脂酸奶中搅匀即可。

享了味酸，应避免空腹食用。

李子有什么功效？

升糖指数低，有助于控制血糖。

酸奶 三文鱼

原料： 三文鱼100克，脱脂酸奶、盐各适量。

1 三文鱼冲净，切小块。

2 烤箱预热，烤箱盘上铺一层锡纸，放上三文鱼块，撒上盐，放入烤箱内烤熟。

3 将三文鱼块放入容器中，倒入脱脂酸奶搅匀即可。

燕麦
——增加饱腹感

瘦身者的天然理想食物

降低低密度
脂蛋白。

　　燕麦热量虽高，但膳食纤维含量丰富，可以促进消耗体内储存的热量，同时燕麦含有高黏稠度的可溶性纤维，能够减轻饥饿感，从而控制食欲。总体来说，瘦身期间可以合理食用燕麦。

瘦身食用方式

不宜用燕麦完全代替大米作主食，宜用燕麦代替少部分大米。

挑选技巧

1. 优质的燕麦是白里带点黄色或褐色，而发暗、发黑的燕麦多是放置过久的。
2. 优质的麦片有天然香气，无霉味、陈味。

燕麦
大米红豆粥

原料: 红豆20克，大米30克，生燕麦50克。

1 红豆、生燕麦分别洗净，用清水浸泡4~5小时。大米洗净。

2 锅中加水，放入红豆、大米、生燕麦大火煮开，再转小火熬煮至粥熟即可。

此粥有助于去脂减肥，还可降糖，尤其适宜肥胖伴血脂异常者食用。

速溶燕麦可以吗?

尽量选生燕麦不宜选速溶燕麦。

可加脱脂牛奶熬煮。

燕麦 芹菜粥

原料： 芹菜、大米各 30 克，生燕麦 50 克，盐适量。

1 芹菜择洗干净，切末。生燕麦用清水浸泡 4~5 小时。

2 锅中加适量水，放入盐、芹菜末烧开，倒入燕麦焖煮熟即可。

不宜加糖食用。

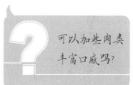

可以加些肉类丰富口感吗？

可加牛肉末、去皮鸡胸肉末。

燕麦粥

原料： 生燕麦、大米各 30 克。

1 生燕麦、大米分别洗净。生燕麦清水浸泡 4~5 小时。

2 锅中加适量水，放入大米、生燕麦烧开，转小火熬煮至米烂粥稠即可。

黑米
—— 减少脂肪囤积

有"世界米中之王"的美誉

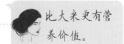
比大米更有营养价值。

黑米中含有高质量的蛋白质、丰富的膳食纤维，可以促进人体胃肠道蠕动，加快胃部食物的消化，还有助于分解血管内的脂肪及糖分，并使之排出体外，具有良好的消脂瘦身作用。

黑米营养信息

每100克含：
能量（千焦）1427
脂肪（克）2.5
碳水化合物（克）72.2
蛋白质（克）9.4

瘦身食用方式

不宜精加工；需煮烂后食用，煮前提前浸泡更易煮烂。

挑选技巧

1.颗粒饱满，有光泽。
2.优质的黑米尝起来有一丝丝甜味，而劣质的黑米发酸。
3.黑米去皮后，内里为乳白色者更佳。

黑米 芝麻豆浆

原料：黑米 20 克，黄豆 50 克，黑芝麻适量。

1 黄豆、黑米分别洗净，浸泡 4~5 个小时。黑芝麻洗净，用不粘锅无油炒香。

2 把黄豆、黑米放入豆浆机中，加入适量水一同打豆浆，取出，撒上黑芝麻即可。

此饮品可增加饱腹感，减少主食食用量。

? 黑芝麻如何挑选？

选择尖头是白色的黑芝麻。

黑米 山楂粥

原料： 黑米 30 克，大米 20 克，山楂 3 个。

1 大米淘洗干净。黑米洗净，浸泡 4~5 小时。山楂洗净，浸泡 30 分钟左右。

2 锅中加水，放入黑米、大米、山楂，大火烧开，再转小火煮至米烂粥稠即可。

便溏腹泻者少食黑芝麻。

此粥可降血脂，尤其适于肥胖伴高血压者。

? 可作早餐食用吗？

不宜空腹吃山楂若作为早餐，建议去掉山楂。

黑米 糊

原料： 黑米 50 克，红豆 30 克，黑芝麻适量。

1 红豆、黑米分别洗净，浸泡 4~5 小时。黑芝麻洗净，用不粘锅无油炒香。

2 将红豆、黑米一同放入豆浆机，加适量水一同打成糊状，取出，再撒上黑芝麻即可。

红豆
—— 利尿、防水肿

性平，味甘、酸，入心经、小肠经

帮助改善腹部肥胖。

红豆富含B族维生素，能使碳水化合物更容易分解，防止皮下脂肪堆积，从而预防肥胖的发生。红豆中还含有皂角苷，有良好的利尿功效，可缓解水肿。

红豆营养信息

每100克含：
能量（千焦）1357
脂肪（克）0.6
碳水化合物（克）63.4
蛋白质（克）20.2

瘦身食用方式

煮粥、煲汤、熬水等皆宜。

挑选技巧

1. 颗粒饱满，无杂质。
2. 颜色鲜红，不干涩。

红豆薏米汤

原料：红豆20克，薏米30克。

1 红豆、薏米洗净，分别用清水浸泡4~5小时。

2 锅中加适量水，放入红豆、薏米大火煮开，再转小火熬煮30分钟左右即可。

红豆、薏米均性寒，生理期的女性不宜食用。

? 可作为主食吗？

若为主食，宜加大米煮粥。

红豆利尿，尿多、尿频
的肥胖者不宜多食。

莲藕红豆粥

原料： 莲藕、大米各 30 克，红豆 20 克。

1 莲藕去皮，洗净，切片。大米洗净。红豆洗净，
用清水浸泡 4~5 小时。

2 锅中加适量水，放入红豆、大米，大火煮开，
放入莲藕片，再转小火熬煮至粥熟即可。

瘦身期间，莲藕
可以少量代替主
食食用。

具有清热解毒、
利尿消肿等
功效。

瘦身红豆饮

原料： 红豆 30 克。

1 红豆洗净，用清水浸泡 4~5 小时。

2 锅中加适量水，放入红豆大火煮开，再转小
火熬煮 30 分钟左右即可。

可代餐常
食吗？

不适宜，莲藕
不可完全代替
主食。

薏米
—— 有效改善水肿

蛋白质的含量比米、面高

薏米可清热利湿。

薏米能促进体内血液和水分的新陈代谢，有消水肿的作用，尤其适合水肿型肥胖者。此外，薏米也是天然的美颜去皱佳品，有一定的润肤美容功效。

薏米营养信息

每100克含：

能量（千焦）1512

脂肪（克）3.3

碳水化合物（克）71.1

蛋白质（克）12.8

瘦身食用方式

与主食搭配食用。

挑选技巧

1. 有光泽，呈均匀的白色或黄白色。
2. 没有受潮，无异味。

绿豆薏米粥

原料： 绿豆20克，薏米15克，大米30克。

1 大米洗净。绿豆、薏米洗净，用清水浸泡4~5小时。

2 锅中加适量水，放入绿豆、薏米、大米，大火煮开，再转小火熬煮至粥熟即可。

绿豆性寒，脾胃虚寒的肥胖者不宜多食。

可以加其他谷类吗？

可以，做成杂粮粥也可以。

尤其适合因体内湿热
滞留导致的肥胖。

山楂 薏米饮

原料： 干山楂片 5 克，薏米 20 克，黄豆 30 克。

1 干山楂片洗净。黄豆、薏米分别洗净，用清水泡 4~5 小时。锅中加入适量水，加入薏米大火烧开，再转小火煮至薏米开花。

2 将薏米、黄豆、干山楂片放入豆浆机中，加入适量水一同打豆浆即可。

可晚饭后 2 小时至晚上 8 点前饮用，有助于消积通便。

有健脾去湿、减肥降脂、美容养颜等功效。

薏米 冬瓜汤

原料： 冬瓜 150 克，薏米 50 克，香菜末、盐各适量。

1 冬瓜去皮，洗净，去瓤，切片。薏米洗净，用清水泡 4-5 小时。

2 锅中加适量水，加入薏米大火烧开，再转小火煮至薏米开花。

3 加入冬瓜片煮至瓜烂，加盐调味，撒上香菜末即可。

可以搭配早餐喝吗？

若空腹喝，需去掉干山楂片。

第三章

7天瘦身餐打卡，快快加入

　　掌握科学的饮食方法，规划合理的饮食结构，不用挨饿，每天吃饭也能瘦。本章为有瘦身需求的人群合理搭配了一周的每日三餐及加餐的健康食谱，每道菜谱都写有详细的做法，简单明了，轻松易学，让您不再为如何"吃瘦"而发愁。

第1天 唤能营养瘦身餐

刚开始减肥时会有十足的干劲，所以大多数人减肥初期是很兴奋的，很容易一下子用力过猛，超出身体的承受能力。因此减肥初期也是一个适应期，应稳妥地开启瘦身之路。

今日饮食原则
平稳度过适应期

与精加工白面相比，全麦面粉饱腹感更强。

→早

西葫芦糊塌子

原料： 全麦面粉、西葫芦各 100 克，鸡蛋 2 个，盐、植物油各适量。

做法： 1. 西葫芦洗净，切丝。2. 鸡蛋磕入碗中打散，加入全麦面粉、西葫芦丝、盐、植物油、温水搅拌成面糊。3. 烤箱预热，烤箱盘上铺一层锡纸，均匀地倒上面糊，放入烤箱内烤熟即可。

燕麦中的纤维素含量高，可促进肠胃蠕动。

→早

燕麦豆浆

原料： 燕麦 60 克，黄豆 20 克。

做法： 1. 黄豆洗净，浸泡 4~5 小时。燕麦洗净。2. 将黄豆、燕麦放入豆浆机中，加入适量水打成豆浆即可。

健康提醒

需提前制订安全可行的瘦身计划，预期目标不要脱离实际。

瘦身初期不要频繁称体重，容易打击自信。

配合运动瘦身的人，需注意运动量应循序渐进，不可一开始就进行高强度运动。

早餐营养分析

西葫芦富含水分且热量低，所含的葫芦巴碱能加快人体新陈代谢。燕麦含有一定量的蛋白质、脂肪和膳食纤维以及多种维生素和矿物质，可以调节血糖和血脂的代谢，有助于减肥。

绿豆搭配西瓜皮，消食化积效果更佳。

→午

牛肉不仅热量、碳水化合物含量低，还能提供优质蛋白。

→午

瓜皮绿豆汤

原料： 绿豆 30 克，西瓜皮 150 克。

做法： 1. 绿豆洗净，浸泡 4~5 小时，捞出入锅，加适量水煮沸。2. 西瓜皮去最外层翠衣，洗净，切块，放入煮沸的绿豆汤中，煮至西瓜皮软烂即可。

甜椒炒牛肉

原料： 红椒、青椒、黄椒各 50 克，牛肉 100 克，酱油、料酒、植物油、盐各适量。

做法： 1. 牛肉洗净，切丝。2. 红椒、青椒、黄椒分别洗净，切条。3. 油锅烧热，放入牛肉丝炒散，放入料酒炒匀，盛出。放入红椒条、青椒条、黄椒条炒至八分熟，再放入牛肉丝，加入盐、酱油炒匀即可。

减肥初期，很多人过于急躁，只追求快速瘦身，大刀阔斧地进行节食、断食，不顾身体能否承受得住。其实，通过合理规划饮食结构达到瘦身目的，才是有益身体健康、可持续的方式。

今日饮食原则
平稳度过
适应期

燕麦吸水，和面需要的水比普通馒头多些。

此汁有助于消脂，可在下午4点左右饮用。

→午

燕麦馒头

原料： 燕麦片、面粉各 100 克，酵母粉适量。

做法： 1. 燕麦片与面粉混合；酵母粉用温水化开，倒入燕麦面粉中，加水和成面团，放置于温暖处发酵至原来的 1.5~2 倍大。2. 面团揉光滑，制成馒头生坯。3. 把馒头放入蒸锅中，先静置 20 分钟再开火蒸。4. 锅上汽后，继续蒸 15 分钟，关火闷 3 分钟即可。

→加

山楂草莓汁

原料： 干山楂片 3 片，草莓 100 克。

做法： 1. 干山楂片洗净。草莓去蒂，洗净。
2. 干山楂片、草莓放入榨汁机内，加适量水一同榨汁即可。

健康提醒

不要有补偿心理，比如体重轻了一点就觉得可以吃一点儿零食了。

糖类在人体内极易被分解或吸收，易刺激胰腺释放大量胰岛素，促使葡萄糖转化成脂肪。绝大部分食物中均含有糖类，可以满足身体需求，瘦身期不宜再额外食用甜食。

晚餐营养分析

燕麦保留了种皮、糊粉层、胚芽等结构，所以含较多的膳食纤维、不饱和脂肪酸、谷维素等营养成分。但要注意的是，燕麦中的脂肪含量也很高，所以用燕麦搭配其他谷物一起作为主食较好。

佛手瓜中含有大量的植物纤维素，可宽肠通便。

→晚

大米米糠层的粗纤维分子有助于肠胃蠕动。

→晚

佛手瓜炒鸡丝

原料： 佛手瓜 100 克，去皮鸡胸肉 50 克，红椒丝、酱油、盐、料酒、蛋清、植物油各适量。

做法： 1. 佛手瓜洗净，切丝。2. 鸡肉洗净，切丝，加盐、料酒、蛋清腌制 15 分钟左右。3. 油锅烧热，下鸡丝滑炒至变色后捞出，放入佛手瓜丝、红椒丝炒至熟透，再加入鸡丝、盐、酱油翻炒片刻即可。

全麦饭

原料： 燕麦、大米各 50 克。

做法： 1. 燕麦、大米分别洗净。2. 将大米、燕麦放入电饭锅中，加适量水煮成饭即可。

第2天 祛湿轻盈瘦身餐

不少肥胖人士并不是因为体内脂肪堆积，而是因为水肿。一般来说，身体内摄入的水分会一直处于平衡的状态，但当细胞内外的钠离子和钾离子平衡发生改变以后，就可能会影响水液在体内的循环，进而引起水肿，导致肥胖。

今日饮食原则
排出多余水分

薏米可促进体内水分的新陈代谢，适合水肿型肥胖者。

→早

薏米糊

原料： 大米40克，薏米20克。

做法： 1.大米、薏米分别洗净，用清水浸泡4~5小时。2.薏米、大米倒入豆浆机中，加适量水打成糊状即可。

莴笋、芹菜都有助于排体内多余的钠，缓解水

→早

芹菜莴笋豆浆

原料： 黄豆50克，芹菜茎40克，莴笋20克。

做法： 1.黄豆洗净，用清水浸泡4~5小时。芹菜茎洗干净，切碎；莴笋去皮，洗净，切小块。2.芹菜碎、莴笋块、黄豆放入豆浆机中，加适量水一同打豆浆即可。

健康提醒

水肿不是简单的发胖，而是亚健康状态的重要标志之一，是一定要及时解决的问题。

养成良好的生活习惯，尽量不穿过紧的衣物，不要久坐或久站，女性应避免长时间穿高跟鞋。

午餐营养分析

鲫鱼的脂肪多为不饱和脂肪酸，能降低胆固醇。冬瓜具有利尿的功效，有助于排出体内多余水分，且鲫鱼和冬瓜所含热量均较低。苦瓜中的苦瓜素被誉为"脂肪杀手"，有良好的降脂作用。

鲫鱼为发物，素体阳亢及疮疡的肥胖者少食。

→午

少量植物油即可，小火烙熟。

→午

冬瓜青菜鲫鱼汤

原料： 鲫鱼 1 条，冬瓜、青菜各 100 克，姜片、盐各适量。

做法： 1. 鲫鱼处理干净。冬瓜去皮，冲净，去瓤，切块。青菜洗净。2. 锅中加水烧开，放入鲫鱼、姜片，大火煮沸，放入冬瓜块，加盖，转中火焖煮 10 分钟。3. 捞出姜片，放入盐、青菜，再煮 2 分钟左右即可。

苦瓜鸡蛋饼

原料： 苦瓜 1 根，鸡蛋 2 个，全麦面粉 150 克，香菜碎、植物油、盐各适量。

做法： 1. 苦瓜洗净，切碎。2. 鸡蛋磕入碗中，打成蛋液，加入盐、全麦面粉、苦瓜碎搅成糊状。3. 油锅烧热，倒入适量的面糊摊平，烙至两面金黄，最后撒点香菜碎作装饰即可。

盐分在体内残留太多会影响水分的排出，从而水肿现象越来越严重。所以平时在饮食上要减少食盐的摄入量，防止大量钠盐滞留在体内。可以多吃利尿、消水肿的食物，如冬瓜、薏米、西瓜、黄瓜、白菜等，有助于排出体内多余的水分。

今日饮食原则
排出多余
水分

此汁利尿，可以有效消水肿。但黄瓜性凉，胃寒者食之易腹泻。

可加少许盐调味，不可量太多。

→午

→加

冬瓜粥

原料：冬瓜 150 克，大米 50 克，枸杞子适量。

做法：1.冬瓜去皮，洗净，去瓤，切块。大米洗净。2.大米放入锅中，加入适量清水，煮至米烂，加入冬瓜块、枸杞子再煮 3 分钟左右即可。

黄瓜汁

原料：黄瓜 1 根。

做法：1.黄瓜洗净，切小块。2.将黄瓜块放入榨汁机中，加适量水一同榨汁即可。

健康提醒

人在运动的过程中会通过流汗来排出多余的盐分，即钠离子，因此运动锻炼也是消除水肿的一个有效方法。

瑜伽、慢跑等比较舒缓的运动，可以调节身体机能，有助于消除水肿。运动强度以微微出汗为宜。

晚餐营养分析

白菜的膳食纤维丰富且含果胶，可增强肠胃蠕动，帮助消化和排泄，减少粪便在体内的存留时间。茯苓利湿健脾，不伤正气，和大米粉、芡实粉混合在一起蒸糕，有祛湿消肿的效果。

醋可使糖类、蛋白质的新陈代谢顺利进行，是瘦身期的理想调味料。

→晚

茯苓有助于消水肿、促排便，特别适合水肿型肥胖者。

→晚

醋熘白菜

原料： 白菜 150 克，胡萝卜 1 根，花椒、盐、醋、植物油各适量。

做法： 1. 胡萝卜、白菜分别洗净，切片。2. 油锅烧热，放入花椒煸出香味，放入白菜片、胡萝卜片翻炒，加盐、醋调味即可。

芡实茯苓糕

原料： 芡实米 50 克，大米 100 克，茯苓 5 克。

做法： 1. 芡实米、大米分别淘洗干净，晾干，磨粉；茯苓磨粉。2. 芡实米粉、大米粉、茯苓粉加适量水揉成方正面团，装盘，放入蒸锅中，大火蒸至上汽，转小火继续蒸 20 分钟，取出切片即可。

第3天 清肠排毒瘦身餐

肠道毒素是引发肥胖的因素之一。有小肚腩、小腹赘肉等问题的人多有不同程度的肠道毒素堆积问题。出现肠道毒素积累问题，靠"泻"是治标不治本的，还可能因对肠道刺激过大，而引发疾病。

今日饮食原则
排出肠道毒素

芹菜是高纤维食物，可以促进胃部消化。

→早

胡萝卜燕麦粥

原料：胡萝卜1根，生燕麦80克，芹菜、盐各适量。

做法：1.胡萝卜去皮，洗净，切丁。芹菜洗净，切末。生燕麦洗净，浸泡30分钟。2.锅中放入生燕麦和适量水，大火烧沸，再放入胡萝卜丁熬煮成粥。3.待粥将煮熟时，放入芹菜末，加盐调味即可。

紫米含膳食纤维，可增加饱腹感，还可减少胆固醇吸收。

→早

紫米汁

原料：紫米60克，大米20克。

做法：1.大米、紫米洗净，浸泡4~5小时。2.大米、紫米放入豆浆机中，加适量水榨汁即可。

健康提醒

淋巴循环系统也是人体的排毒管道，若废物积存太多，易导致淋巴不通，久而久之会造成水肿、肥胖。按摩、泡澡有助于淋巴循环畅通。

不宜滥用排毒产品，如果产品质量不合格，反而会加速毒素累积。

早餐营养分析

紫米中的膳食纤维不仅能增加饱腹感，还能帮助消化，促进肠道蠕动，加速粪便的排出，起到润肠通便、减少胆固醇吸收的作用，从而达到一定的降脂瘦身效果。

绿豆可利尿排毒，南瓜可生津益气，二者同食有助于通便利尿，排出体内毒素。

→午

茼蒿清淡爽口，热量低，适合瘦身期食用。

→午

南瓜绿豆汤

原料： 绿豆 30 克，南瓜 50 克。

做法： 1. 绿豆洗净，用水浸泡 4~5 小时。南瓜去皮，洗净，去瓤，切小块。2. 锅内加水烧沸，放入绿豆，转小火煮至绿豆开花，放入南瓜块煮至熟透即可。

茼蒿木耳炒肉

原料： 茼蒿、去皮鸡肉各 70 克，木耳（干）5 克，黄椒丝、盐、植物油、酱油各适量。

做法： 1. 茼蒿洗净，切段，焯水。木耳泡发，洗净，撕小朵。鸡肉洗净，切丝。2. 油锅烧热，放入鸡丝翻炒至变色，加入木耳、茼蒿段翻炒至熟透，加盐、酱油调味，撒上黄椒丝即可。

肠道本身充满褶皱，是人体大部分毒素与代谢物集中的大本营。饮食过于精细、饮食不规律、食品安全等问题，很容易导致肠道中暗藏毒素。可以试着吃得粗糙一些，多吃粗纤维食物，如糙米、燕麦、金针菇、木耳、芹菜、海带等。

今日饮食原则
排出肠道毒素

黑米馒头相对于精面馒头而言，热量更低，饱腹感更强。

→午

绿茶有助于减少脂肪细胞堆积。

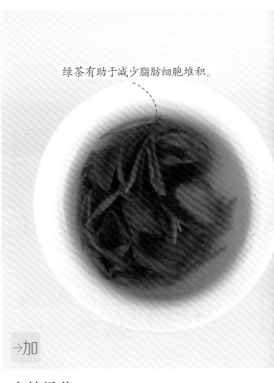

→加

黑米馒头

原料： 黑米面 50 克，面粉 100 克，酵母粉适量。

做法： 1. 黑米面与面粉混合；酵母粉用温水化开，倒入面粉中，加水和成面团，置于温暖处发酵至原来的 2 倍大。2. 面团揉光滑，并制成馒头生坯。3. 把馒头放入蒸锅中，先静置 20 分钟，再开火蒸。4. 锅上汽后，大火继续蒸 15 分钟，关火闷 3~5 分钟。

山楂绿茶

原料： 干山楂片 4 片，绿茶 2 克。

做法： 1. 干山楂片洗净，绿茶洗净。2. 锅中加水，放入干山楂片煮 10 分钟关火，再放入绿茶闷 15 分钟即可。

健康提醒

每天快步走 30 分钟，促进机体新陈代谢，使体内的垃圾随汗液排出。

用手掌心顺时针按摩下腹部 50 次，增加肠道蠕动。按摩力度应轻柔。

晚餐营养分析

南瓜营养全面且脂肪含量较低，自身带有甜味，无需额外加糖调味。清蒸的饼清淡无油，食材营养流失也较少，非常适宜减肥期间食用。金针菇富含膳食纤维，有助于肠胃和血液排毒，与丝瓜同食，排毒效果更佳。

高粱面比白面升糖指数低很多，不易刺激脂肪的生成。

→晚

金针菇可以减少消化过程中对于脂肪的吸收。

→晚

高粱南瓜饼

原料： 高粱粉 150 克，南瓜 100 克，盐适量。

做法： 1. 南瓜去皮，去瓤，洗净，用擦菜板擦成细丝。2. 高粱粉加适量温水，放入南瓜丝和成面糊，制成面饼状。3. 将面饼放入蒸锅中，大火蒸至上汽后继续蒸 15 分钟，关火闷 3~5 分钟即可。

丝瓜炒金针菇

原料： 丝瓜 150 克，金针菇 100 克，盐、植物油各适量。

做法： 1. 丝瓜去皮，洗净，切条。金针菇洗净，用沸水焯烫，沥干水分。2. 油锅烧热，放丝瓜条翻炒，再加入金针菇同炒，加盐调味即可。

第4天 燃脂轻体瘦身餐

今日饮食原则
"燃烧"
脂肪

想要瘦身成功,一定离不开"燃烧"脂肪。脂肪,既是人体组织的重要构成部分,又是为身体提供热量的主要物质之一。食物中的脂肪在肠胃中消化吸收后,大部分又再度转变为脂肪,囤积在体内。让身体多余脂肪健康地代谢消耗掉,身体也会自然瘦下来。

亦可用蒸锅蒸熟。

→早

胡萝卜豆浆有补肝、明目的作用。

→早

全麦面包

原料: 高筋面粉 200 克,全麦面粉 50 克,即发酵母粉 3 克,盐适量。

做法: 1.混合所有原料,加水揉匀,发酵至原来的 1.5 倍大。2.轻压面团,排出里面的空气,分割滚圆,饧 30 分钟。3.放进土司模子,进行第 2 次发酵,发酵至 8 分满。4.烤箱预热,放入烤箱中烤熟即可。

胡萝卜豆浆

原料: 黄豆 50 克,胡萝卜半根。

做法: 1.黄豆洗净,用清水浸泡 4~5 小时;胡萝卜洗净,切小块。2.黄豆、胡萝卜块一同放入豆浆机中,加适量水打成豆浆即可。

健康提醒

运动能加快脂肪分解速度，但需要运动量适中，宜选择有氧运动。

在不增加膳食总热量的前提下，适当增加钙的摄入量，有助于减少人体脂肪比例。

午餐营养分析

牛肉富含蛋白质和亚油酸，且牛肉含有的脂肪很少，特别是牛腱子肉，非常适合有瘦身需求的人食用。香菇有防止血管硬化、降低血压和减肥的作用；苦瓜热量低，且具有降低胆固醇和甘油三酯的作用，二者均适合减肥期食用。

既可补充人体所需营养，又不增加过多脂肪。

→午

此饼低脂、无糖、高蛋白，适宜作瘦身期主食。

→午

黑豆牛肉汤

原料： 牛肉 70 克，黑豆 15 克，盐、姜、植物油各适量。

做法： 1. 牛肉洗净，切块，放入沸水锅中余烫，捞出，再用清水冲去浮沫，沥干。2. 黑豆洗净，用水浸泡 4~5 小时。姜洗净，切片。3. 油锅烧热，放入牛肉块煸炒，加入姜片、黑豆和适量开水，大火烧沸，转小火炖至牛肉熟烂，加盐调味即可。

绿豆鸡蛋饼

原料： 绿豆粉 100 克，全麦面粉 250 克，鸡蛋 1 个，盐、植物油各适量。

做法： 1. 鸡蛋磕入碗中，打成蛋液，加入盐、全麦面粉、绿豆粉、适量温水，搅成糊状。2. 油锅烧热，倒入适量的面糊摊平，烙至两面金黄即可。

减脂期间少吃甚至不吃油炸食物、肥肉、动物内脏、奶油制品等。可多吃促进新陈代谢、有助于激发体内燃脂物质的食物，如含钙丰富的食物。

今日饮食原则

"燃烧"脂肪

尤其适合腹壁脂肪较厚的肥胖者。

→午

香菇苦瓜条

原料： 苦瓜 1 根，香菇 150 克，盐、姜丝、植物油、酱油各适量。

做法： 1. 苦瓜洗净，切条。香菇洗净，切丝。2. 油锅烧热，爆香姜丝，放入苦瓜条、香菇丝翻炒，加入盐、酱油炒匀即可。

胃酸过多的肥胖者不宜长期饮用。

→加

玫瑰乌梅茶

原料： 玫瑰花 5 朵，乌梅 3 颗。

做法： 1. 将玫瑰花、乌梅洗净，一同放入容器中，冲入开水。2. 加盖，闷 15 分钟即可。

健康提醒

不可只吃燃脂食物，应合理搭配，平衡膳食。

喝完玫瑰乌梅茶应及时漱口或刷牙，以免影响牙齿健康。

加餐营养分析

玫瑰乌梅茶在饭后饮用效果更好。玫瑰花茶可助消化、消脂肪，而乌梅在肠胃调理方面的功效较好。泡上一壶玫瑰乌梅茶不仅能起到减肥作用，也有助于放松身心。

荞麦热量低，饱腹感强，可晚餐时食用。

后放虾仁，使虾仁不与热油直接接触，可最大限度地保留虾仁的水分。

→晚

→晚

荞麦面条

原料： 黄瓜1根，荞麦面150克，葱花、生抽、醋、盐各适量。

做法： 1.荞麦面煮熟，过凉水。2.黄瓜洗净，切丝。3.盐、醋、生抽混合，调成卤汁。4.面条放入容器中，加入黄瓜丝、葱花，淋上卤汁，拌匀即可。

西蓝花炒虾仁

原料： 西蓝花150克，虾仁100克，红椒、蒜蓉、盐、料酒、植物油各适量。

做法： 1.虾仁洗净。西蓝花掰小朵，洗净。红椒洗净，切小块。2.油锅烧热，加蒜蓉煸香，加入西蓝花翻炒至七成熟时放入虾仁、红椒块、料酒翻炒，加盐调味即可。

第5天 润肠健康瘦身餐

瘦身一段时间后，由于食物摄取量减少，尤其是当碳水化合物减少的时候，消化道内容易出现纤维素不足的情况。加之瘦身期间不少人会配合运动瘦身法，而大量运动有可能造成体内水分减少，综合来看，此时段很容易出现便秘现象。

今日饮食原则
润肠防便秘

儿童肥胖者亦可将其当作主食。

→早

黄瓜含丙醇二酸，可抑制糖类物质转化为脂肪。

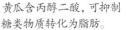

→早

燕麦南瓜粥

原料： 燕麦30克，大米20克，南瓜50克。

做法： 1.大米淘洗干净，燕麦洗净。2.南瓜去皮，去瓤，洗净，切片。3.将大米放入锅中，加适量水大火煮沸，转小火煮20分钟，放入燕麦略煮。4.放入南瓜片，煮至原料熟透即可。

凉拌黄瓜

原料： 黄瓜1根，盐、蒜、醋各适量。

做法： 1.黄瓜洗净，切片。2.蒜去皮，切末。3.蒜末、盐、醋混合成调味汁，倒入黄瓜片中拌匀即可。

健康提醒

瘦身期间不可过度节食，应少食多餐。

不可缺乏必要的锻炼，应给予肠道充分的活动时间。

不宜自行服用泻药。

早餐营养分析

燕麦南瓜粥易消化，有润肠作用，能调理肠胃，有助于预防便秘。黄瓜含较多的果酸、果胶和纤维素，可降低血液中的胆固醇、甘油三酯，并促进肠道中腐败食物的排出，降脂瘦身。清粥搭配爽口的脆黄瓜，不失为一顿满足味蕾的早餐。

脱脂酸奶有助于清除肠道中堆积的垃圾。

梨含较多天然糖类物质，可作甜味调味料入菜肴。

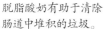

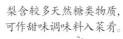

草莓酸奶露

原料： 草莓 100 克，脱脂酸奶适量。

做法： 1. 草莓去蒂，洗净。2. 草莓、脱脂酸奶一同放入榨汁机中榨汁即可。

煮三宝

原料： 莴笋 60 克，胡萝卜 1 根，梨 1 个，盐适量。

做法： 1. 莴笋、胡萝卜、梨分别洗净，去皮，切块。

2. 锅中加入适量水，放入莴笋块、胡萝卜块、梨块，大火煮至沸腾，小火焖煮片刻，加盐调味即可。

为了预防或改善瘦身期间出现的便秘现象，可适当增加膳食纤维的摄取，有效地促进胃肠蠕动，还可增加大便体积，有利于排便。膳食纤维是粗纤维，自身不被肠道吸收，所以并不会增肥，不会影响辛苦得来的瘦身成果。还可以用小米、燕麦等粗杂粮搭配精细米面作为主食，从而预防便秘。

今日饮食原则

润肠防便秘

面条亦可选择低脂意大利面。

→午

可在午、晚饭1小时前或1小时后饮用。

→加

虾仁捞汁凉面

原料： 面条 150 克，虾仁 5 颗，菠菜 50 克，生抽、醋、盐各适量。

做法： 1. 菠菜洗净，切段，用沸水焯熟。虾仁洗净，用沸水汆熟。2. 生抽、醋、盐混成调味汁。3. 锅中加水煮沸，下面条搅散，以中小火煮至面条熟透，捞出过凉水。4. 虾仁、菠菜段放到面条上，淋入调味汁拌匀即可。

决明子山楂茶

原料： 干山楂片 3 片，决明子 2 克。

做法： 1. 干山楂片、决明子洗净。2. 锅中加适量水，放入干山楂片、决明子，大火煮沸，再转小火煮 5 分钟左右，滤渣取汁即可。

健康提醒

晨起后即使无便意亦应如厕，以形成条件反射。

不要吃辣椒等刺激性食物，以减少对大肠的紧张性刺激。

一般成年人每天喝水不少于1700毫升，注意不要等到口渴时才喝水。

加餐营养分析

决明子山楂茶有纤体瘦身功效。其中，山楂的脂肪酶可促进脂肪分解，而山楂酸有消肉食积滞的作用。决明子能清热平肝、润肠通便，疏通人体肠道，促进代谢。两者搭配而成的决明子山楂茶，可促进人体肠胃蠕动，溶脂排毒，润肠通便。

玉米属粗纤维食物，可增加饱腹感，还可给肠道排毒。

→晚

在吃主食前食用，可减少主食摄入量。

→晚

玉米豆粉窝头

原料： 玉米粉、大米粉、黄豆粉各70克。

做法： 1.玉米粉、大米粉、黄豆粉混合均匀，加入适量沸水，和成面团，切成小块，揉成圆锥形。用拇指在锥底捅一个孔，逐渐扩大其孔，并使锥体表面光滑。4.将窝头码入蒸笼，大火蒸熟即可。

柚子粒凉拌丝瓜

原料： 柚子果肉150克，丝瓜100克，柠檬半个。

做法： 1.将柚子果肉掰小块。丝瓜去皮，洗净，切片。2.用压榨器用力挤压柠檬，压出柠檬汁。3.锅中加适量水大火烧开，放入丝瓜片焯熟。4.将柚子块、丝瓜片装入容器中，滴入柠檬汁即可。

第6天 加快代谢瘦身餐

维生素是人体必不可少的营养物质之一，补充维生素有助于让新陈代谢加快，消化吸收变得更加顺畅，从而帮助身体消耗脂肪。此外，瘦身过程中，容易造成维生素的流失与不足，所以减肥一定要保证均衡的营养，适量补充维生素。

今日饮食原则
补充维生素

圆白菜富含维生素C、维生素B$_1$，且水分高、热量低。

→早

宜在上午10～11点

→加

圆白菜面片汤

原料： 全麦面粉150克，鸡蛋1个，泡发木耳6克，圆白菜50克，植物油、盐各适量。

做法： 1.圆白菜洗净，切丝。鸡蛋打散。木耳洗净，撕小朵。2.面粉加水和成面团，擀成饼状。3.油锅烧热，放入鸡蛋搅碎，下木耳、圆白菜翻炒，加水、盐大火煮开。4.从面饼上揪下面片入锅煮开即可。

葡萄柚胡萝卜汁

原料： 芹菜50克，葡萄柚果肉150克，胡萝卜半根。

做法： 1.芹菜择洗干净，切段。胡萝卜冲净，去皮，切块。葡萄柚果肉掰小块。2.将芹菜段、胡萝卜块、葡萄柚块放入榨汁机，加适量水榨汁即可。

健康提醒

仅靠服用维生素补充剂而舍弃正常的饮食是不可取的。维生素还是从饮食中摄取为佳。

不可盲目过量补充维生素，以免破坏体内环境稳定，甚至中毒。

午餐营养分析

香菇富含铁、钾等，娃娃菜富含胡萝卜素、B族维生素、维生素C等，虾中含有虾青素、维生素E等，牡蛎含多种人体必需的氨基酸，三文鱼含丰富的蛋白质、钙质等，皆是营养丰富，且适宜在减肥期间食用的食物。

香菇是高蛋白、低脂肪的食物。

→午

虾头含胆固醇过高，瘦身期不宜食。

→午

香菇炒娃娃菜

原料： 娃娃菜150克，香菇100克，植物油、盐各适量。

做法： 1. 娃娃菜去根，洗净。2. 香菇去蒂，洗净，切片。3. 油锅烧热，放入香菇片、娃娃菜大火翻炒，转小火，加适量水焖煮，加入盐调味即可。

海鲜捞面

原料： 面条200克，海虾2个，牡蛎肉30克，生抽、盐、醋各适量。

做法： 1. 海虾去头、虾线、虾肠，洗净。牡蛎洗净，取肉。虾仁、牡蛎肉氽熟。2. 锅中加水煮沸，下面条搅散，以中小火煮至面条熟透，捞出过凉水。3. 在面条中放入虾仁、牡蛎肉、生抽、醋和盐，拌匀即可。

肥胖是一种代谢失衡的状态，而维生素正是影响我们身体代谢的重要营养素，因此，瘦身期补充维生素是不可忽略的。例如 B 族维生素里的维生素 B_1、维生素 B_2 和维生素 B_6，都能够促进脂肪、蛋白质的代谢，具有"燃烧"脂肪、避免脂肪囤积的功效。粗粮、蔬果和奶蛋类是人体获取维生素的优质来源。

今日饮食原则
补充维生素

三文鱼不宜久蒸，以免加重腥味。

→午

海带属水溶性食物纤维，有助于排出体内多余的盐分及胆固醇。

→晚

清蒸三文鱼

原料： 三文鱼块、香菇各 70 克，洋葱 50 克，蒜末、姜丝、香菜末、生抽、料酒各适量。

做法： 1. 三文鱼块洗净，加生抽、料酒腌制 10 分钟。2. 香菇去蒂，洗净，切片。洋葱剥去外皮，洗净，切丝。3. 三文鱼块放在铺好的洋葱丝、姜丝、香菇片上，撒上蒜末、香菜末，上锅蒸 6 分钟左右即可。

海带豆渣饼

原料： 黑豆渣 60 克，玉米面 120 克，鸡蛋 1 个，海带 70 克，植物油、盐各适量。

做法： 1. 海带洗净，蒸熟，切丝。2. 将黑豆渣、玉米面、鸡蛋、海带丝、盐混合在一起，加水揉搓成团，分成均匀的小团，按成饼状。3. 锅中倒入适量油，煎至两面金黄即可。

健康提醒

减肥过程中为了避免运动所产生的自由基对身体造成伤害，可补充维生素E以抗氧化。

减肥过程中，容易造成维生素C的流失与不足，可适量补充。

晚餐营养分析

海带富含维生素E和硒，黑豆中钙、磷、钾、镁、锌、硒等营养元素含量均不低，玉米面富含磷、钾、锌、铜等，苦瓜维生素含量高。这些都是适合减肥期间食用的食物。

瘦身期食用苦瓜，以色青未黄熟为佳，消脂功效更佳。

→晚

加餐果汁，最晚在晚上8点之前饮用。

→加

凉拌苦瓜

原料： 苦瓜2根，生抽、醋各适量。

做法： 1.苦瓜洗净，切条，用沸水焯烫，捞出。2.将生抽、醋倒入苦瓜条中拌匀即可。

芒果菠菜汁

原料： 菠菜50克，芒果1个。

做法： 1.芒果去皮，去核，切小块。菠菜洗净，切段，焯至断生。2.将芒果块、菠菜段放入榨汁机中，加适量水一同榨汁即可。

第7天 元气满满瘦身餐

今日饮食原则
巩固不反弹

平台期，即减肥停滞期。瘦身初期，大多数人的体重明显下降。可一旦机体适应了这种变化，就会进入减肥平台期，热量又达到一种新的平衡状态，体重不再下降，这种情况就被称作平台期。瘦身进入平台期是在所难免的，不要因此自暴自弃，以免功亏一篑。

糙米富含不饱和脂肪酸，燕麦营养丰富，二者搭配，瘦身功效更佳。

→早

有助于消除体内湿气，缓解水肿。

→早

燕麦糙米糊

原料：燕麦 40 克，糙米 30 克。

做法：1.糙米淘洗干净，浸泡 4~5 小时。燕麦洗净。2.糙米、燕麦一同倒入豆浆机中，加适量水打成糊即可。

绿豆薏米红枣粥

原料：薏米、绿豆各 25 克，红枣适量。

做法：1.薏米淘洗干净，红枣洗净。2.薏米浸泡 4~5 小时。3.锅中加水，放入薏米、绿豆、红枣煮至米烂豆熟，关火闷 15 分钟即可。

健康提醒

瘦身是需要日复一日坚持的事情，需要保持瘦身的动力。

此阶段每天称体重，起到提醒与警惕作用。

至少每周运动 5 天，每次最少持续 30 分钟。

早餐营养分析

绿豆属低脂食物，营养成分很高，富含蛋白质、胡萝卜素以及钙、磷、铁、磷脂等。薏米富含蛋白质、维生素 B_1、维生素 B_2 等。绿豆薏米粥可促进新陈代谢，是适合瘦身人群食用的佳品之一。

适量吃茼蒿可调节人体内的水代谢，有一定的利尿效果。

→午

菌柄短的平菇吃起来更嫩。

→午

蒜蓉茼蒿

原料： 茼蒿 200 克，蒜末、姜丝、盐、酱油、植物油各适量。

做法： 1. 茼蒿洗净，切段。2. 油锅烧热，放入蒜末、姜丝煸香，倒入茼蒿段炒至变色，加盐、酱油调味即可。

平菇苦瓜饼

原料： 平菇 50 克，苦瓜 1 根，鸡蛋 2 个，全麦面粉 30 克，盐、植物油各适量。

做法： 1. 苦瓜洗净，切碎。平菇去蒂，洗净，切碎。2. 鸡蛋磕入碗中，打成蛋液，加入盐、全麦面粉、苦瓜碎、平菇碎，搅成糊状。

3. 油锅烧热，倒入适量的面糊摊平，烙至两面金黄即可。

不少人在经历短时间努力，体重瘦下来进入平台期后就觉得没必要重视饮食结构规划了，甚至消极地恢复了以往随心所欲的饮食方式。其实，任何一般性或是治疗性的饮食瘦身都不能保证瘦身效果是一劳永逸的，持之以恒地坚持健康合理的饮食，才能降低反弹的概率。

今日饮食原则
巩固不反弹

柠檬有助于去除肉类的腥味。

→午

苦瓜切薄片，放入加醋的水中清洗可减少苦味。

→加

芒果柠檬鸡

原料： 芒果 2 个，鸡肉 100 克，鲜柠檬片 3 片，青椒、生抽、盐、植物油各适量。

做法： 1.青椒去蒂，洗净，去子，切片。芒果去皮、核，切丁。2.鸡肉洗净，切丝。3.油锅烧热，下鸡肉丝滑炒至变色后盛出，放入芒果丁、鲜柠檬片、青椒片炒至熟透，再加入鸡肉丝、盐、生抽翻炒片刻即可。

苦瓜绿茶

原料： 苦瓜 1/3 根，绿茶 2 克。

做法： 1.苦瓜洗净，切丝，用水浸泡15分钟。绿茶洗净。2.锅中加水，放入苦瓜丝煮15分钟关火，放入绿茶闷15分钟即可。

健康提醒

抑制不住食欲时，尽量选择富含膳食纤维的食物、无油食物、低糖食物、高蛋白食物等。

晚餐营养分析

芹菜中的膳食纤维能够不断地促进胃肠道代谢，对于减肥瘦身是很有帮助的。海蜇可保持肠内粪便湿润，利于通便，还具有去沉积、清肠胃的功效。

若喜软糯，可加少量芋头增加黏稠感。

→晚

芹菜可降血压，促进肠道蠕动。

→晚

杂粮饭

原料： 黑米、薏米、荞麦、糙米、生燕麦各20克，大米50克，红豆30克。

做法： 1.将黑米、薏米、荞麦、糙米、生燕麦、红豆洗净，放入清水中浸泡4~5小时。2.大米淘洗干净，浸泡半小时。3.将所有原料一起放入电饭锅中，加适量水煮饭即可。

芹菜海蜇皮

原料： 芹菜150克，海蜇皮100克，红椒丝、盐、醋、生抽各适量。

做法： 1.芹菜择洗干净，切条，用热水焯烫。2.海蜇皮用水浸泡，捞出洗净，切丝。3.盐、醋、生抽混合成调味汁，放入芹菜条、海蜇皮丝拌匀，撒上红椒丝点缀即可。

第四章

营养师专业订制个性化瘦身食谱

　　不要采用任何不健康的瘦身方法进行瘦身，如断食、吃减肥药，甚至是各种偏方，特别是对于儿童、产后新妈妈，肥胖伴有糖尿病、脂肪肝、高脂血症等病症的人群来说，用不健康的减肥方式不仅不能瘦下来，还会给身体造成伤害。本章专门为6种人群设计了个性化瘦身食谱，瘦身的同时还能保持健康的状态。

儿童肥胖者瘦身食谱

儿童正处于生长发育时期，及时补充营养对他们的生长发育和健康成长起着决定性的作用。正因如此，儿童肥胖者的瘦身食谱应以保证营养摄取为第一原则，不能因为瘦身影响到正常的生活学习，更不能有碍生长发育。

儿童瘦身原则
保证营养摄取

此粥瘦身与补益功效并存，适合儿童肥胖者食用。

→早

猕猴桃味酸甜可缓和芹菜的浓味，儿童更喜欢。

→早

黑米苹果粥

原料： 黑米 50 克，大米 30 克，苹果 1 个。

做法： 1. 大米洗净。苹果洗净，切块。2. 黑米洗净，浸泡 4~5 个小时。3. 锅中加适量水，放入黑米、大米大火煮开，再转小火熬煮至粥熟。4. 粥熟后放入苹果块稍煮片刻即可。

芹菜猕猴桃汁

原料： 芹菜 50 克，猕猴桃 1 个。

做法： 1. 芹菜洗净，切段。猕猴桃去皮，切小块。2. 将芹菜段、猕猴桃块放入榨汁机中，加适量水一同榨汁即可。

健康提醒

关爱儿童心理状态，使其自觉自愿地接受减肥。

不建议让儿童食用糖果、奶油、蛋糕等高糖食物，以免加重肥胖。

密切关注儿童的生长发育状况，以免出现营养不良等现象。

加餐营养分析

加餐有别于正餐，不宜将主食类食物给孩子做加餐，应选择奶、水果等，不仅能对消化正餐起到辅助作用，同时也能补充营养。

此饭营养均衡，既能有饱腹感，又补充膳食纤维。

→午

可选牛里脊肉，更加嫩滑入味。

→午

田园糙米饭

原料： 胡萝卜 1 根，香菇、糙米各 50 克，大米 70 克，鲜玉米粒适量。

做法： 1.糙米洗净，浸泡 4~5 小时。2.胡萝卜洗净，切丁。香菇去蒂，洗净，切丁。鲜玉米粒、大米洗净。3.将胡萝卜丁、香菇丁、玉米粒、糙米、大米一同放入电饭煲，加适量水煮饭即可。

香芒牛柳

原料： 芒果 1 个，牛肉 100 克，青椒、红椒各 30 克，酱油、盐、植物油各适量。

做法： 1.青椒、红椒分别洗净，切条。芒果去皮、核，切条。2.牛肉洗净，切条。3.油锅烧热，下牛肉条炒至变色后盛出，放入芒果条、青椒条、红椒条炒至熟透，再加入牛肉条、盐、酱油翻炒片刻即可。

家长要有"儿童应合理饮食"的意识。不要让孩子从小就大量食用高热量、高脂肪的食物，也不应强制给孩子尝试节食、断食等极端、过激的方法，而是应该在日常生活中监督孩子合理饮食。比如在瘦身期间少吃高糖、多油、高脂类食物，尽量用无糖、少油、低脂食物来代替。

儿童瘦身原则
保证营养摄取

此菜富含蛋白质、矿物质和维生素等，脂肪含量低，含钠量也很低。

→午

下午3~4点食用为佳。

→加

虾仁西葫芦

原料：西葫芦 250 克，虾仁 20 克，蒜蓉、植物油、酱油、盐各适量。

做法：1. 虾仁洗净。西葫芦洗净，切片。2. 油锅烧热，加蒜蓉煸香，加入西葫芦片继续翻炒。3. 西葫芦片快熟时加虾仁翻炒，加盐、酱油调味即可。

酸奶沙拉

原料：小番茄、火龙果、梨各半个，生菜 30 克，脱脂酸奶适量。

做法：1. 小番茄洗净，对半切开。火龙果去皮，切块。梨洗净，切片。2. 生菜铺在容器底部，将番茄片、火龙果块、梨片放入容器中，倒入脱脂酸奶拌匀即可。

健康提醒

需结合儿童的年龄段及肥胖程度制订个性化食谱。

合理安排儿童的运动方式、时间等，以微出汗、不疲劳、没有不适反应为宜。

加餐营养分析

孩子在午睡后一般都会比较烦躁，精神不振。酸奶沙拉色彩鲜艳、味道清爽，不仅能快速唤醒孩子的好心情，也不至于因为油腻产生饱腹感，影响晚餐食欲，对孩子的健康和学习是有益的。

若孩子不喜欢吃蔬菜，可将蔬菜榨汁和面。

→晚

素什锦含丰富的膳食纤维，可助消化。

→晚

胡萝卜菠菜鸡蛋饼

原料： 全麦面粉 100 克，胡萝卜 1 根，菠菜 50 克，鸡蛋 2 个，植物油、盐各适量。

做法： 1.胡萝卜洗净，切丝。菠菜洗净，切丝，用沸水焯烫。2.鸡蛋磕入碗中打成蛋液，加入全麦面粉、胡萝卜丝、菠菜丝搅成糊状。3.油锅烧热，倒入适量的面糊摊平，烙至两面金黄即可。

素什锦

原料： 胡萝卜、竹笋、海带各 40 克，生抽、醋、盐各适量。

做法： 1.海带洗净，蒸熟，取出浸泡，切丝。2.竹笋除去硬壳，洗净，切条。胡萝卜洗净，切丝。3.锅中加水烧开，分别放入笋条、胡萝卜丝焯熟，盛盘。4.将盐、醋、生抽倒入竹笋条、海带丝、胡萝卜丝中拌匀即可。

高血压肥胖者瘦身食谱

高血压与肥胖的关系可以是血压升高继发于肥胖，也可以是血压升高先于肥胖，统称为"肥胖相关性高血压"。一般来说，收缩压会随体重增加而升高。当肥胖与高血压并存时，会增加血压控制难度，导致多重心血管代谢危险因素聚集，增加患心脑血管疾病的风险。

高血压瘦身饮食原则 **少食多餐**

黑米有助于预防心血管疾病的发生，与鸡肉煮粥效果更佳。

→早

黑米鸡肉粥

原料： 黑米 50 克，大米、鸡肉各 30 克，盐、料酒、蛋清各适量。

做法： 1. 大米洗净。2. 黑米洗净，浸泡 4~5 小时。3. 鸡肉洗净，切丁，加盐、料酒、蛋清腌制 15 分钟左右。4. 锅中加适量水，放入黑米、大米大火煮开，放入鸡丁，再转小火熬煮至粥熟即可。

去掉外层翠衣，剩下的皮肉部分为可食用的西瓜皮。

→早

木耳拌西瓜皮

原料： 西瓜皮 70 克，木耳（干）5 克，生抽、醋、盐各适量。

做法： 1. 木耳泡发，洗净，撕小朵，焯熟。2. 西瓜皮去外层翠衣，洗净，加盐腌制 3~4 小时，滤掉腌出的汤汁。4. 西瓜皮切条，用手反复揉搓挤出水分，冲洗，沥干。5. 盐、生抽、醋混合成调味汁，淋在西瓜皮上，撒上木耳，拌匀即可。

健康提醒

早上 6:00~8:00 为高血压晨峰，易发心脑血管病，高血压者需在此时段测血压。

晨起后喝杯温水，有利于稀释血液。注意喝水速度不宜过快。

午餐后不宜立即午睡，否则易因吃得太饱使胃膨胀，膈肌升高，从而影响血压。

早餐营养分析

黑米可调节体内糖的正常代谢，还能改善脂肪在血管壁上的沉积。鸡肉有助于将血液中的脂肪和胆固醇排出体外，与黑米一同煮粥，降血压效果更佳。木耳拌西瓜皮可代替咸菜配粥食用，西瓜皮有利尿降压作用，木耳有排毒清肠、降压去脂的作用。

常食有助于降血压、降血脂。

→午

玉米中含有卵磷脂、亚油酸、谷物醇、钙、铁质等，有助于预防高血压。

→午

菠菜炒牡蛎

原料： 菠菜 100 克，牡蛎肉 30 克，料酒、盐、植物油各适量。

做法： 1. 牡蛎肉放入碗中，加入料酒、盐腌制去腥。2. 菠菜洗净，切段，放入沸水中焯至断生。3. 油锅烧热，放入牡蛎肉翻炒，再放入菠菜段继续翻炒，加盐调味即可。

玉米发糕

原料： 玉米粉 100 克，面粉 150 克，发酵粉 3 克，脱脂牛奶适量。

做法： 1. 玉米粉、面粉、发酵粉混合，倒入脱脂牛奶，和成面团。2. 面团放置于温暖处饧 15 分钟。3. 蒸锅中加足量水，大火烧至冒汽，放入面团，大火隔水蒸熟，取出切片即可。

控制体重有利于降低血压，高血压肥胖者应以合理饮食为主，适量运动为辅。饮食清淡，减少盐的摄入量，不仅可以提高降压药物的药效，还有助于减少药物的使用剂量。每餐七八分饱，少食多餐，不可饥饱无度，否则极有可能导致暴饮暴食，从而加剧高血压等心血管疾病的发作。

高血压瘦身饮食原则 少食多餐

丝瓜是高钾食物，钾的摄入可帮助有效排钠，从而消水肿，降血压。

→午

丝瓜炒鸡蛋

原料： 鸡蛋2个，丝瓜1根，姜末、盐、植物油各适量。

做法： 1.丝瓜洗净，去皮，切滚刀块，用沸水焯烫。2.鸡蛋打散，炒熟，生姜切末。3.锅中留适量油，放姜末爆香，倒入丝瓜块，加盐大火翻炒，放入鸡蛋翻炒片刻即可。

此汁低脂低热量，不会增加体重负担，还可调节人体血液循环。

→加

苹果胡萝卜菠菜汁

原料： 苹果1个，胡萝卜半根，菠菜、芹菜各20克。

做法： 1.苹果洗净，去核，切小块。胡萝卜洗净，切小块。菠菜、芹菜分别择洗干净，切段，用沸水焯烫。2.将苹果块、胡萝卜块、菠菜段、芹菜段放入榨汁机中，加适量水一同榨汁即可。

健康提醒

运动时，要避免突然爆发用力或憋气的动作，不宜做频繁的弯腰低头等头部低于心脏水平之下的动作。

病情不稳定者，或伴有眼底出血、蛋白尿者应及时就医。

晚餐营养分析

燕麦中含有烟酸，具有扩张血管、降低胆固醇和甘油三酯的作用，可促进血液循坏，有助于降血压。并且燕麦中还含有丰富的膳食纤维，可增加饱腹感，具有一定的瘦身作用。

燕麦可减少代谢废物在肠道停留的时间，润肠通便。

→晚

豆芽含维生素 E，有助于预防动脉硬化。

→晚

薏米燕麦饼

原料： 薏米 30 克，燕麦面 150 克，粗麦粉 50 克，葱花、盐、植物油各适量。

做法： 1. 薏米洗净，沥干，研成粗粉，与燕麦面、粗麦粉、盐混合成糊状，加入葱花。2. 不粘锅内涂油，放入燕麦糊，按成圆饼状，小火煎熟即可。

胡萝卜凉拌豆芽

原料： 胡萝卜 1 根，豆芽 150 克，香菜碎、生抽、醋、盐各适量。

做法： 1. 胡萝卜洗净，切丝。豆芽择洗干净。2. 锅中加水烧开，分别放入豆芽、胡萝卜丝焯至断生。3. 将豆芽、胡萝卜丝盛入容器中，加入生抽、醋、盐拌匀，撒上香菜碎即可。

糖尿病肥胖者瘦身食谱

超过标准体重 10%~20% 的糖尿病患者，被称为"肥胖型糖尿病患者"。减轻体重是肥胖型糖尿病患者的主要任务之一，体重减轻，有助于提高身体对胰岛素的敏感性，从而缓解糖尿病病情。

糖尿病
瘦身饮食原则
控制总热量

糖尿病患者不适合喝煮得过于黏稠的粥。

→早

此豆浆富含膳食纤维，可减缓与减少葡萄糖、脂肪、胆固醇的吸收速度与吸收量。

→早

菠菜大麦粥

原料： 菠菜 60 克，大麦 30 克。

做法： 1.菠菜洗净，在沸水中焯熟，捞出放凉，切小段。大麦洗净，浸泡 2 小时。2.锅置火上，放入大麦和适量清水，大火烧沸后改小火熬煮，待粥煮熟时，放入菠菜段稍煮即可。

燕麦糙米豆浆

原料： 黄豆 50 克，燕麦 20 克，糙米 15 克。

做法： 1. 黄豆、糙米分别洗净，用清水浸泡 4~5 小时。2. 将燕麦、黄豆、糙米放入豆浆机中，加适量水一同打豆浆即可。

健康提醒

不可放弃药物治疗。食疗起辅助作用，无法代替药物治疗。

除需控制空腹血糖外，控制餐后血糖也同样重要。

不可一味地降血糖，以免出现低血糖反应。

午餐营养分析

茭白是高钾低钠食物，对降血压、保护心脑血管有很大的作用，与鸡肉搭配，还可补充多种营养素。相比精米，糙米可令人的咀嚼次数增加，容易使人产生满足感，对减肥也大有裨益。糙米有助于排出血液中多余的胆固醇，帮助身体排毒。

本菜有辅助降血压作用。

茭白可以减少热量摄入，有利于肥胖伴有糖尿病者控制每日总热量不超标。

→午

→午

凉拌海蜇皮

原料： 黄瓜 1 根，海蜇皮 100 克，红椒、盐、生抽、醋各适量。

做法： 1. 海蜇皮用水浸泡，捞出洗净，切丝。2. 黄瓜洗净，切丝。红椒去蒂洗净，去子，切丝。3. 盐、生抽、醋混合成调味汁，放入海蜇皮丝、黄瓜丝、红椒丝拌匀即可。

茭白炒肉丝

原料： 茭白 2 根，鸡肉 100 克，葱花、盐、酱油、植物油各适量。

做法： 1. 茭白去皮，除去老根，洗净，切片。鸡肉洗净，切丝。2. 油锅烧热，放入鸡肉丝翻炒至变色，再放入茭白片翻炒至熟透，加盐、酱油调味，撒上葱花即可。

治疗糖尿病并不是单纯依赖药物就可以的，还需要配合饮食调理，多管齐下才能有效控制住血糖。科学计算每日食物摄入量，每餐六七分饱即可。同时避免油炸、烟熏、腌制等食物，尽量以蒸、煮、拌、氽等清淡的烹饪方式为主。

糖尿病
瘦身饮食原则
控制总热量

糙米、红豆均为瘦身食材，且二者可减缓餐后血糖的上升速度。

红豆糙米饭

原料： 红豆 50 克，糙米 100 克。

做法： 1.红豆、糙米分别洗净，浸泡4~5小时。
2.将红豆、糙米一起放入电饭煲，加适量水煮饭即可。

玉米须有利尿、降血糖的作用。

玉米须茶

原料： 玉米须 10 克。

做法： 1.玉米须用冷水洗净，放入杯中，加入适量开水，盖盖儿闷 15 分钟。2.滤除玉米须，饮茶水即可。

健康提醒

不要空腹运动,可在饭后2~3小时运动。

避免激烈运动,以免引起血压急剧升高。

定期进行眼底、血脂、肝肾功能等常规检查,以便及早发现并发症。

晚餐营养分析

小米富含蛋白质、脂肪和维生素,可以补脾和胃、利小便。玉米中的纤维素含量很高,可以刺激肠胃蠕动,有助于排便。魔芋低热、低脂、低糖,有助于预防糖尿病、高血压。

小米具有减轻色斑、色素沉着的功效。

→晚

魔芋能增加胰岛素分泌,降低血糖,对糖尿病的防治有很好的辅助作用。

→晚

小米蒸糕

原料: 小米粉 100 克,玉米粉 150 克,发酵粉、小苏打各适量。

做法: 1. 小米粉、玉米粉、发酵粉放入盆内混合均匀,倒入温水拌匀,制成面糊,放置温暖处,使其发酵。2. 放入小苏打揉匀,再放入碗内,冷水入蒸锅,大火蒸冒汽后,继续蒸至糕熟即可。

魔芋炒苹果

原料: 魔芋 50 克,苹果 1 个,盐、植物油各适量。

做法: 1. 魔芋洗净,切片,用沸水焯熟。苹果洗净,切片。2. 油锅烧热,放入魔芋片、苹果片翻炒,加盐调味即可。

高血脂肥胖者瘦身食谱

血浆的脂质主要来源于食物，因此饮食结构可直接影响血脂水平的高低，并可影响降脂药物效果的发挥。多数高脂血症患者通过饮食调理，可使血脂水平降至正常，同时可纠正其他共存的代谢紊乱，并有助于瘦身。

高血脂
瘦身饮食原则
控制胆固醇

燕麦中亚油酸占比很高，有降低血液胆固醇的作用。

→早

胡萝卜燕麦粥

原料：胡萝卜 2 根，燕麦、大米各 30 克。

做法：1.胡萝卜洗净，切丁。燕麦、大米洗净。2.锅中加水，放入燕麦、大米大火烧开，放入胡萝卜丁，转小火熬煮至米烂粥稠即可。

黑豆含不饱和脂肪酸,它不仅是优质的脂肪来源，还有降血脂作用。

→早

黑豆豆浆

原料：黑豆 50 克。

做法：1.黑豆洗净，浸泡 4~5 小时。2.把黑豆放入豆浆机中，加适量水打豆浆即可。

健康提醒

高脂血症可分为原发性和继发性两类，其中原发性和遗传有关。

天气变化也会对高脂血症产生影响，换季时须多加留意自己的身体变化。

当高脂血症症状减轻时，不宜自行停止服药，须咨询医生。

午餐营养分析

油菜属低脂肪蔬菜，且富含膳食纤维，能与肠道内的多余脂肪结合并随粪便排出，从而减少脂肪的吸收，同时达到降血脂的效果。香菇能减少血液中胆固醇含量，起到降低胆固醇、降血脂的作用。

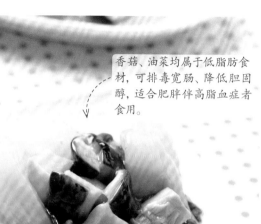

香菇、油菜均属于低脂肪食材，可排毒宽肠、降低胆固醇，适合肥胖伴高脂血症者食用。

烹饪时放一个山楂、一块橘皮或一点茶叶可以使其易烂。

→午

→午

香菇油菜

原料： 油菜 100 克，香菇 150 克，盐、植物油适量。

做法： 1.油菜洗净，切段。2.香菇洗净，切块。3.油锅烧热，放入油菜段炒至六七成熟，放入香菇块炒至熟透，加入盐调味即可。

南瓜炒牛肉

原料： 南瓜 150 克，牛肉 100 克，蛋清、酱油、盐、植物油、料酒各适量。

做法： 1.牛肉洗净，切片，加盐、蛋清、料酒腌制 15 分钟左右。2.南瓜去皮，洗净，切片。3.油锅烧热，下牛肉片，炒至牛肉变色后盛出，放入南瓜片炒至熟透，再放入牛肉片、盐、酱油翻炒片刻即可。

高血脂
瘦身饮食原则
控制胆固醇

饮食调理是高脂血症治疗的基础，在采取药物治疗的情况下辅以食疗，有助于增加药物的疗效。高脂血症患者总体上应该控制胆固醇和脂肪的摄入，控制每餐的进食量，进行科学瘦身。

不能用霉烂变质或有异味的豆渣发酵。

→午

豆渣发糕

原料：豆渣粉 100 克，大米粉 150 克，发酵粉 3 克。

做法：1. 豆渣粉、大米粉、发酵粉加入适量水充分揉匀，发酵片刻。2. 隔水蒸熟即可。

此汁可调节体内脂肪代谢，还可抑制胆固醇沉积在血管壁上。

→加

苹果白菜汁

原料：白菜 50 克，苹果 1 个。

做法：1. 白菜洗净，切碎。苹果洗净，切小块。2. 将白菜碎、苹果块放入榨汁机中，加适量水榨成汁即可。

健康提醒

只吃素不吃肉是不可取的，易导致低胆固醇血症的发生。

尽量戒烟，吸烟可升高血浆胆固醇和甘油三酯水平。

加餐营养分析

苹果白菜汁，可促进造血机能的恢复，抗血管硬化和防止血清胆固醇沉积等，还具有良好的排毒功效，有助于减肥轻体、养颜、延缓衰老。

西葫芦含水量高，且为高钾低钠食物，帮助瘦身的同时可降低血脂。

→晚

储藏油麦菜时，远离苹果、梨、香蕉等水果，避免诱发赤褐斑点。

→晚

西葫芦蛋饼

原料： 西葫芦100克，鸡蛋2个，全麦面粉50克，盐、植物油各适量。

做法： 1.西葫芦洗净，去瓤，去子，切丝，用盐腌制10分钟左右，去除水分。2.鸡蛋磕入碗中打成蛋液，加入全麦面粉、西葫芦丝搅成糊状即可。3.油锅烧热，倒入适量的面糊摊平，烙至两面金黄即可。

蒜蓉油麦菜

原料： 油麦菜300克，蒜、盐、植物油各适量。

做法： 1.将油麦菜洗净，切段。2.蒜拍碎，剁成蒜蓉。3.油锅烧热，放入油麦菜段和蒜蓉，迅速翻炒。4.炒至油麦菜熟时，加盐调味即可。

脂肪肝肥胖者瘦身食谱

正常人肝组织中含有少量的脂肪，其重量约为肝重量的 3%~5%，如果肝内脂肪蓄积太多，超过肝重量的 5% 或在组织学上肝细胞 50% 以上有脂肪变性时，就可称为脂肪肝。肝内脂肪堆积的程度与体重成正比。30%~50% 的肥胖症伴有脂肪肝，肥胖的人体重得到控制后，其肝脂肪浸润亦减少或消失。

脂肪肝
瘦身饮食原则
足量蛋白质

燕麦可让血液中的脂肪酸浓度降低，对脂肪肝者有益。

→早

牛奶燕麦粥

原料： 燕麦 50 克，脱脂牛奶适量。

做法： 1. 燕麦用开水调成干糊状，放入微波炉用中火加热 2 分钟取出。2. 倒入脱脂牛奶冲调即可。

番茄中含柠檬酸、苹果酸，可促进消化。

→早

番茄蒸蛋

原料： 番茄 1 个，鸡蛋 1 个，盐、植物油各适量。

做法： 1. 番茄洗净，去皮，切丁，放入油锅中，翻炒片刻。2. 鸡蛋打散，加适量水和盐，搅匀，小火蒸煮至七成熟时，放入番茄丁，继续蒸熟即可。

健康提醒

禁食、过度节食或其他快速减轻体重的措施可引起短期内脂肪分解大量增加，损伤肝细胞。

营养不良导致蛋白质缺乏是引起脂肪肝的重要原因，多见于摄食不足或消化障碍，不能合成载脂蛋白，以致甘油三酯积存肝内，形成脂肪肝。

午餐营养分析

黑豆含有皂苷，皂苷可以清除身体中的过氧化物，起到保护肝脏的作用。可多吃高蛋白食物和新鲜蔬菜，因为高蛋白食物可保护肝细胞，并能促进肝细胞的修复和再生，鲤鱼丝瓜汤就是不错的选择之一。

黑豆既能促进肠胃蠕动，又能益气养血。

鲤鱼能提升体内的高密度脂蛋白含量，同时降低肝脏中的脂肪含量。

→午

→午

黑豆饭

原料：黑豆、小麦各 20 克，大米 30 克。

做法：1. 黑豆洗净，浸泡 4~5 小时。大米、小麦洗净。2. 将大米、黑豆、小麦放入电饭锅中，加适量水煮成饭即可。

鲤鱼丝瓜汤

原料：鲤鱼 500 克，丝瓜 100 克，盐、葱、姜各适量。

做法：1. 鲤鱼处理干净，剁成块。丝瓜去皮，洗净，切片。葱切段，姜切片。2. 汤锅放在火上，倒入清水，下入鲤鱼，大火煮沸，加入葱段、姜片、丝瓜片，继续煮至鱼肉软烂，加盐调味即可。

营养过剩、肥胖型脂肪肝患者应严格控制饮食，使体重恢复正常。每日三餐膳食要调配合理，做到粗细搭配、营养均衡，足量的蛋白质能清除肝内脂肪。禁酒戒烟，少吃过于油腻的食物，控制脂肪的摄入量，尤其要避免动物性脂肪的摄入。

脂肪肝
瘦身饮食原则
足量蛋白质

空心菜茎比较硬，不易消化，单次不宜多食。

→午

凉拌空心菜

原料：空心菜 250 克，酱油、醋、盐各适量。

做法：1. 空心菜洗净，切段。2. 锅中加水烧开，放入空心菜焯熟。3. 将焯熟的空心菜放入容器中，加入酱油、醋、盐调味即可。

绿茶有助于减少体脂百分比和血液中的脂肪含量，对脂肪肝患者有益。

→加

薏米绿茶汁

原料：绿茶 2 克，薏米 20 克。

做法：1. 薏米洗净，浸泡 4~5 个小时，加适量水煮至薏米开花。2. 绿茶洗净，加入适量薏米水，盖盖儿闷 15 分钟即可。

健康提醒

营养不良性脂肪肝患者应适当增加营养，特别是蛋白质和维生素的摄入。

酒精性脂肪肝患者要严格戒酒。

加餐营养分析

绿茶含丰富的茶多酚，可提高肝组织中肝脂酶的活性、降低过氧化脂质含量，其氧化产物茶色素具有一定的调血脂、降胆固醇作用。酒精脂肪肝的患者可以用葛花搭配绿茶。饮茶仅可起到一定的辅助疗效，对于脂肪肝的饮食控制仍不可松懈。

山楂可促进肝脏疏泄；黄瓜含丙醇二酸，可抑制糖类物质转化为脂肪，有助于预防脂肪肝。

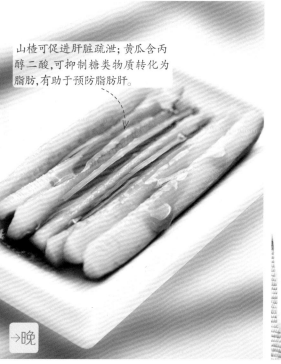

→晚

豆渣口感略差，掺用量小于玉米面为佳。

→晚

山楂汁拌黄瓜

原料： 山楂30克，黄瓜1根。

做法： 1.黄瓜洗净，切条。2.山楂洗净，浸泡30分钟左右。锅中加适量水，放入山楂煮至汁浓稠。3.将山楂汁浇在黄瓜条上即可。

韭菜豆渣饼

原料： 豆渣50克，玉米面100克，鸡蛋1个，韭菜50克，盐、植物油各适量。

做法： 1.韭菜择洗干净，切碎。鸡蛋打散。2.豆渣放入玉米面中，倒入鸡蛋液，放入韭菜碎、盐、植物油和适量水搅匀，和成面团，并分成小剂，压成稍厚的饼坯。4.油锅烧热，放入饼坯，小火慢烙至饼熟即可。

产后瘦身食谱

产后瘦身并不适合单纯减脂，产后瘦身包括体重降低、脂肪消除、饮食恢复等。产后 6 个月是新妈妈瘦腰的黄金期，如果是母乳喂养，通常建议在孩子出生 6~8 周之后再开始尝试瘦身运动，因为产后身体需要时间恢复及保证良好的乳汁供应。

产后瘦身饮食原则

高蛋白低脂肪

红豆有助于缓解产后水肿。

→早

芹菜中富含铁质和膳食纤维，可促进肠胃蠕动，有助于预防产后便秘。

→加

红豆黑米粥

原料：红豆 20 克，大米 30 克，黑米 50 克。

做法：1. 红豆、黑米用清水浸泡 4~5 小时，洗净。大米洗净。2. 锅中加适量水，放入红豆、黑米、大米大火煮开，再转小火熬煮至粥熟即可。

芹菜黄瓜胡萝卜汁

原料：芹菜 30 克，黄瓜、胡萝卜各半根。

做法：1. 芹菜择洗干净，切段。2. 胡萝卜、黄瓜分别洗净，切成小块。3. 将芹菜段、胡萝卜块、黄瓜块放入榨汁机，加适量水榨汁即可。

健康提醒

刚分娩不久的新妈妈不能盲目节食瘦身，因为此时正是需要补充营养的时候。

减重前最好先做一次健康体检，了解自身产后恢复的情况。

关注产后抑郁、产后心理疏导等其他心理方面的健康问题。

早餐营养分析

黑米不仅易带给人饱腹感，还有补气养血、健脾暖肝的功效。红豆含丰富的B族维生素、铁质、蛋白质、钙、磷等成分，具有祛湿排毒、消除水肿的作用。红豆搭配黑米煮粥，既能为人体补充营养，还可消肿瘦身，适合产后瘦身期间食用。

杞子有滋阴安神的作用。中含有的甜菜碱，有助于制肝细胞内脂肪的沉积。

→午

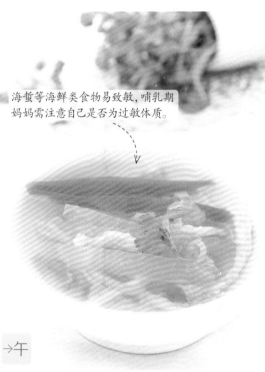

海蜇等海鲜类食物易致敏，哺乳期妈妈需注意自己是否为过敏体质。

→午

南瓜饭

原料： 南瓜 100 克，燕麦、大米各 50 克，枸杞子适量。

做法： 1.南瓜去皮，洗净，去瓤，切块。2.燕麦、大米分别洗净，放入电饭煲中，加入适量水，放入南瓜块、枸杞子同煮成饭即可。

冬瓜海蜇汤

原料： 冬瓜、海蜇皮、鸡肉各 30 克，胡萝卜 1 根，香菜末、盐、醋各适量。

做法： 1.冬瓜去皮，洗净，去瓤，切条。胡萝卜洗净，切条。鸡肉洗净，切丝。2.海蜇皮泡发，洗净，切丝。3.锅中加水，加入冬瓜条、胡萝卜条、海蜇皮丝、鸡肉丝大火煮沸，加盐、醋，转小火稍煮，撒上香菜末即可。

对于产后有瘦身需求的女性来说，既要保证母体复原，摄入足够的营养哺育孩子，又要避免营养过剩，拥有科学合理的饮食结构是至关重要的。切勿采用断食的方法瘦身，这对新妈妈自身以及宝宝的危害很大。

产后瘦身饮食原则
高蛋白低脂肪

西葫芦性寒，产后虚弱的产妇一次不宜吃太多。

→午

产后妈妈需哺乳，相比脱脂牛奶，低脂牛奶更适宜。

→加

清炒西葫芦

原料： 西葫芦250克，生抽、盐、植物油各适量。

做法： 1. 西葫芦洗净，切丝。2. 油锅烧热，放入西葫芦丝炒至变软，加入生抽、盐调味即可。

木瓜炖梨

原料： 低脂牛奶250毫升，梨、木瓜各半个。

做法： 1. 梨洗净，去核，切块。木瓜去皮，洗净，切块。2. 将梨块、木瓜块放入炖盅内，倒入低脂牛奶，大火烧开后加盖，转小火炖煮至梨块、木瓜块软烂即可。

健康提醒

新妈妈不能强行节食，否则会导致身体恢复慢，引发各种产后并发症。

哺乳期不建议新妈妈服用减肥药，因为部分药物会从乳汁里排出，影响孩子健康。

产后不应做高强度运动，否则会导致子宫康复放慢并引起出血等现象。

加餐营养分析

产后瘦身，平衡膳食、制订合理的饮食计划是日常饮食的关键。既要避免营养过剩，又要保证小宝宝和新妈妈营养摄入充足，新妈妈能为小宝宝供应良好的乳汁。因此，相比脱脂牛奶，产后妈妈瘦身更适宜选择低脂牛奶。

粗粮包富含膳食纤维，可防止产后便秘。

→晚

产后妈妈需要营养恢复自身状态，不可将主食均用魔芋代替。

→晚

粗粮包

原料： 南瓜粉 100 克，玉米粉 150 克，发酵粉、小苏打各适量。

做法： 1. 南瓜粉、玉米粉、发酵粉放入盆内混合均匀，倒入温水拌匀，制成面糊，放置于温暖处，使其发酵。2. 放入小苏打搅匀。面糊放入碗内，冷水入蒸锅，大火蒸冒汽后，继续蒸熟即可。

清炖魔芋

原料： 魔芋条 50 克，菠菜 70 克，胡萝卜 1 根，姜丝、盐各适量。

做法： 1. 魔芋条洗净。胡萝卜洗净，切丝。2. 菠菜洗净，切段，用沸水焯烫。3. 锅中加水，加入魔芋条、胡萝卜丝大火烧开，再转小火煮至食材熟透，加入菠菜段、盐稍煮，撒上姜丝即可。

图书在版编目（CIP）数据

吃对轻松瘦 / 熊苗主编 . -- 南京 : 江苏凤凰科学技术出版
社 , 2019.10
（汉竹·健康爱家系列）
ISBN 978-7-5713-0542-0

Ⅰ . ①吃… Ⅱ . ①熊… Ⅲ . ①减肥—食谱 Ⅳ . ① TS972.161

中国版本图书馆 CIP 数据核字（2019）第 165529 号

中国健康生活图书实力品牌

吃对轻松瘦

主　　　编	熊　苗	
编　　　著	汉　竹	
责 任 编 辑	刘玉锋	
特 邀 编 辑	张　瑜　刘海燕　仇　双	
责 任 校 对	郝慧华	
责 任 监 制	曹叶平　刘文洋	

出 版 发 行	江苏凤凰科学技术出版社
出版社地址	南京市湖南路 1 号 A 楼，邮编：210009
出版社网址	http://www.pspress.cn
印　　　刷	合肥精艺印刷有限公司

开　　　本	720 mm×1 000 mm　1/16
印　　　张	11
字　　　数	200 000
版　　　次	2019 年 10 月第 1 版
印　　　次	2019 年 10 月第 1 次印刷

标 准 书 号	ISBN 978-7-5713-0542-0
定　　　价	39.80 元（附赠《瘦身记录手册》）

图书如有印装质量问题，可向我社出版科调换。